W0260256

Birgit Scherff · Erwin Haese · Hagen R. Wenzek

Feldbussysteme in der Praxis

Springer

Berlin
Heidelberg
New York
Barcelona
Hongkong
London
Mailand
Paris
Singapur
Tokio

Birgit Scherff · Erwin Haese · Hagen R. Wenzek

Feldbussysteme in der Praxis

Ein Leitfaden für den Anwender

Mit 65 Abbildungen

Springer

Dr. -Ing. Birgit Scherff
ATR Industrie-Elektronik GmbH & Co. KG
Textilstraße 2
41751 Viersen
e-mail: birgit.scherff@fernuni-hagen.de

Erwin Haese
Hagen R. Wenzek
FernUniversität Hagen
Automatisierungstechnik
Feithstraße 142
58084 Hagen
e-mails: erwin.haese@fernuni-hagen.de
hagen.wenzek@fernuni-hagen.de

Die Deutsche Bibliothek - CIP-Einheitsaufnahme
Feldbussysteme in der Praxis: ein Leitfaden für den Anwender
Birgit Scherff; Erwin Haese; Hagen R. Wenzek.
Berlin; Heidelberg; New York; Barcelona; Hongkong; London; Mailand;
Paris; Singapur; Tokio: Springer 1999

ISBN-13: 978-3-642-64153-4 e-ISBN-13: 978-3-642-59854-8
DOI: 10.1007/978-3-642-59854-8

Softcover reprint of the hardcover 1st edition 1999

Einband-Entwurf: MEDIO, Berlin
Satz: Reproduktionsfertige Vorlage der Autoren
SPIN: 10650548 62/3020 - 5 4 3 2 1 0 Gedruckt auf säurefreiem Papier

Vorwort

Für die Konzeption eines Buches, welches ein sich rasant entwickelndes Themengebiet behandelt, stehen mehrere Ansätze zur Auswahl. Um eine möglichst optimale Ausrichtung auf Sie, unsere Leser, zu erreichen, haben wir die klassische Form einer Stoffsammlung verworfen. Anstelle einer in alle Tiefe gehende Zusammenstellung der verschiedenen Feldbusse, wurde besonderer Wert auf die Vorstellung einer systematischen Vorgehensweise bei der Auswahl der Bussysteme auf Basis der zu automatisierenden Anwendung gelegt.

Hierbei liegt der Schwerpunkt der Betrachtung in eben jener Anwendung und beinhaltet die Ableitung der Anforderungen, deren Zusammenstellung sowie den Abgleich mit den verfügbaren Bussystemen. Aber auch der Umsetzung einer solchen Anwendung im Unternehmen – die verschiedenen Phasen der Planung, Konstruktion, Fertigung und Inbetriebnahme – wurde eine große Bedeutung beigemessen. Denn diese ist schließlich in der beruflichen Praxis häufig höher, als die der rein technischen Leistungsmerkmale. Die Vorgehensweise zur Systemauswahl schließlich, basiert auf systemtechnischen Methoden, wobei auch deren Erläuterung praxisnah ausgeführt wurde.

Durch die inzwischen äußerst geringe Halbwertszeit von Informationen zu Feldbussen, ist es nicht mehr sinnvoll, alle relevanten Bussysteme vollständig in einem Buch aufzulisten. Andere Medien, wie das Internet und Unterlagen auf CD-ROM, ermöglichen eine viel höhere Aktualität und enorme Informationsmengen. So stellt die Erläuterung grundsätzlicher Unterschiede der Feldbussysteme den Ausgangspunkt dar, der Sie in die Lage versetzen soll, diese Informationen zu finden, zu verstehen und effektiv einzusetzen.

Mit diesem Buch möchten wir sowohl die Praktiker, die strategischen Entscheider als auch die Studenten der Elektrotechnik und des Maschinenbaus ansprechen, und daher werden auch spezielle Voraussetzungen zum Verständnis nicht benötigt. Wir hoffen, daß Sie aus der Lektüre dieses Buches den von Ihnen gewünschten und vielleicht auch einen eher unerwarteten Nutzen ziehen können. Über Hinweise zur Verbesserung und Korrektur von eventuellen Fehlern wären wir sehr dankbar.

Die Autoren

Inhaltsverzeichnis

Abbildungsverzeichnis

1 Feldbusse – wohin geht die Reise?

Unter dem Begriff „Feldbussysteme“ verbirgt sich eine schillernde Vielfalt unterschiedlicher Bussysteme. Würde man den Begriff „Feld“ als „in einer Anlage“ interpretieren, so wäre diese Vielfalt verschiedener Systeme erklärbar.

Die Herkunft des Begriffs „Feldbus“ stammt jedoch aus einer anderen Entwicklung, nämlich dem Wunsch des Endanwenders nach leichterer Inbetriebnahme, geringerer Anzahl von Kabeln und höherer Transparenz. Dazu sind die immer intelligenter werdenden Sensoren und Aktoren entsprechend geschickt in das übergeordnete Automatisierungssystem der Steuerung und Regelung einzubinden. Somit ist auf jeden Fall eine Wandlung der analogen und digitalen Eingangssignale und eine Seriellisierung dieser Signale über ein Buskabel notwendig. Nur durch diese Maßnahmen können Einsparungen hinsichtlich der Vielzahl von Verkabelungen erreicht werden.

Diesen Kriterien entsprechen alle der sogenannten Feldbussysteme. Im Rahmen der Begriffsklärung (Kapitel 2) werden diese unterschiedlichen Feldbussysteme gegen die Zellenbussysteme abgegrenzt und nach ihren unterschiedlichen Ausrichtungen systematisiert.

Zur Einführung soll jedoch der Begriff in seiner „schillernden“ Form weiter benutzt werden. Nachdem Phoenix Contact, damals nur Hersteller von Klemmentechnik, Anfang der 80er Jahre mit seiner Entwicklung eines Feldbussystems begann (Interbus) und die damit verbundenen Vorteile für den Anwender erkennbar wurden, erreichte dieses Bussystem schnell eine hohe Marktdurchdringung. Als problematisch hingegen erwies sich der Widerstand der Steuerungshersteller. Diese versuchten in den USA, ebenso wie in Europa, den Bestrebungen nach einem herstellerunabhängigen Bussystem entgegenzuwirken, weil sie durch den Einsatz solcher Feldbusse die Möglichkeit zur Lieferung einer kompletten Anlagenausstattung „aus einer Hand“ gefährdet sahen.

Die Basisidee, die Intelligenz „näher an die Anlage, an das Feld“ zu bringen und damit die teure Verkabelung vom Sensor bzw. Aktor zur Ein-/Ausgangskarte im Automatisierungsgerät zu reduzieren, bot ein erhebliches Einsparpotential. Siemens folgte dieser Entwicklung mit der Vorstellung des Profibus L2/DP auf der Interkama 1983. Allen-Bradley, als weiterer renomierter SPS-Hersteller, verfügte bereits frühzeitig über sogenannte „Remote Racks“ im Feld, die zwar nicht mit Feldbussen, wie sie hier beschrieben werden, zu vergleichen sind, aber ebenfalls den Vorteil von dezentralen Ein- und Ausgangsbaugruppen und damit geringere Verkabelungskosten aufwiesen. Diese Remote Racks sind, wie der Name schon, sagt Erweiterungsracks, die dezentral aufgestellt werden können.

In dieser Periode entbrannte eine erhebliche Diskussion um die Frage nach dem „richtigen" Feldbus. Der Anwender stand vor der Problematik, sich für ein System – in Europa dem Interbus von Phoenix Contact oder dem Profibus L2/DP von Siemens – zu entscheiden. Beide Systeme waren zur Normung eingereicht und es formierten sich die Unterstützergruppen aus Lieferanten entsprechender Anschaltungen und verschiedener SPS-Hersteller sowie Lieferanten von Prozeßrechnern, NC-Steuerungen oder Antriebstechnik. 1994/95 wurden weitere Bussysteme populär, so wie etwa der CAN (Controller Area Network), der, ursprünglich von Bosch entwickelt, eine hohe Verbreitung in der Automobilindustrie vorzuweisen hatte, oder Systeme für Spezialanwendungen, wie Beckhoff Lightbus für die Holzbearbeitungsmaschinen. Für den Anwender stellte sich die Situation immer komplexer dar und die Investitionen in eine Umrüstung auf ein spezielles Feldbussystem wurde zu einer Entscheidung, die insbesondere für mittelständische Unternehmen von erheblicher Tragweite war. Setzte man auf das falsche Bussystem, konnte dies durchaus ein erhebliches Verlustgeschäft für das Unternehmen bedeuten, wenn beispielsweise ein wichtiger Kunde auf ein bestimmtes Bussystem bestand und damit die Entwicklungskosten neu investiert werden mußten.

Mittlerweile ist die Situation im wesentlichen entspannt, da beide erst genannten Bussysteme (Profibus L2/DP und Interbus) normiert sind (DIN 50170 Teil 3 bzw. DIN EN 505254) und durch das Hinzukommen weiterer Systeme, mit durchaus interessanten Möglichkeiten für spezielle Anwendungen, der „Machtkampf" der beiden Systeme aufgeweicht wurde. Potentielle Kunden haben dafür gesorgt, daß auch die klassischen Steuerungshersteller, wie Allen-Bradley, Lösungen mit Interbus anbieten oder mit dem Produkt DeviceNet CAN-spezifische Lösungen in ihrem Programm haben. Zwar stellt sich damit die Situation für den Anwender nach wie vor sehr vielfältig und damit schwer durchdringbar dar, der Dogmatismus der Diskussion ist jedoch einer sachlichen und anwendungsspezifischen Auseinandersetzung mit dem Produkt gewichen.

Außerdem sind neue Systeme hinzugekommen, die primär auf den „unteren" Teil der Informationspyramide, d. h. auf die einfachen, in der Regel binären, Ein-/Ausgänge spezialisiert sind, z. B. AS-Interface und Interbus Loop. Diese Busse ermöglichen dadurch einen sehr hohen Grad der Dezentralisierung.

Die Vielzahl der Möglichkeiten und auch die denkbaren „Mischformen" , bezogen auf die unterschiedlichen oder auch heterogenen Lösungen, bedürfen deshalb um so mehr einer gründlichen Analyse der Anwendungen. Nur aufgrund einer solchen Analyse können die „optimalen" Bussysteme und Automatisierungskonzepte, bezogen auf das definierte Zielkriterium, gefunden werden.

Um die Bedeutung der Applikation zu unterstreichen, sei ein Beispiel genannt. Betrachtet man den Einsatzfall einer hydraulischen Heizpresse, so herrschen hier für elektronische Systeme extreme Temperaturen. Die für viele Aufgabenstellungen sinnvollen Anwendungen des AS-Interface verbieten sich direkt an einer Heizpresse, aufgrund der notwendigen Einsatztemperaturen von über 120°C. Diese Randbedingung führt zum Ausschluß eines hohen Dezentralisierungsgrades, solange nicht andere konstruktive Möglichkeiten gefunden werden (siehe Kapitel 7).

Um das „richtige", bzw. optimale Bussystem auszuwählen, muß der Anwender die Charakteristika seiner Anwendung zusammenstellen und insbesondere hinsichtlich des zu findenden Optimums einige Randbedingungen festlegen.

Resultat dieser Beispiele muß sein, daß während der Entscheidungsphase nicht nur die Techniker die beste technische Lösung ermitteln, sondern auch die vertrieblichen Entscheider in die Entscheidungsfindung miteinbezogen werden, um auch vertrieblich durchsetzbare Lösungen zu finden und somit nachträgliche Konzeptänderungen oder Umrüstungen zu vermeiden. Der Fokus dieses Buches liegt deshalb auch auf dem gesamten Projektablauf eines Automatisierungsprojektes inklusive Inbetriebnahme, um die Bedeutung der Feldbussysteme in allen Phasen einer solchen Projektabwicklung zu durchleuchten (Kapitel 6).

Nach der einleitenden Sensibilisierung für das Thema in diesem Kapitel und der Klärung von Begriffen und einem kurzen historischen Abriß in Kapitel 2, erfolgt die Erläuterung der verschiedenen Schichten des ISO/OSI 7-Schichtenmodells in Kapitel 3. Diese theoretischen Grundlagen sind notwendig, um die verschiedenen Bussysteme bewerten und vergleichen zu können. Im Anschluß werden die unterschiedlichen Bussysteme, bezogen auf das ISO/OSI 7-Schichtenmodell, in Kapitel 4 erläutert.

Anschließend werden die verschiedenen Forderungen in Kapitel 5 zusammengestellt. Zur Verdeutlichung dieser Kriterien werden beispielhaft Lösungsmöglichkeiten gegenübergestellt, wie bei der klemmenorientierten dezentralen E/A. Anschließend werden die Forderungen aus den Anwendungen des Maschinenbaus, des Anlagenbaus und der Verfahrenstechnik charakterisiert und hinsichtlich der Auswirkungen auf die Auswahl des Bussystems betrachtet. Nur anhand einer solchen Zusammenstellung der Anforderungen aus der Applikation, ist später eine Entscheidung für das „richtige" Bussystem, bezogen auf die eigene Anwendung, möglich. Die Anforderungen aus der Projekt- oder Auftragsabwicklung, wie die Hilfsmittel bei der Projektierung, der Hardware- und Softwareplanung inklusive der CA-Techniken, der Fertigung, des Tests und der Inbetriebnahme sowie des Services runden die Zusammenstellung in Kapitel 6 ab. Zusammenfassend werden die Anforderungen in morphologischen Kästen dargestellt.

Anhand einiger Fallbeispiele sollen daraufhin verschiedene automatisierungstechnische Lösungen betrachtet und mit einfachen Abschätzungen auf ihre Wirtschaftlichkeit hin untersucht werden. Dies erfolgt im Sinne einer Designstudie in Kapitel 7. Die Zusammenstellung der Checklisten mit Erläuterungen, sowie die Zusammenfassung und ein Ausblick in eine mögliche Zukunft, folgt abschließend in Kapitel 8.

Es bleibt festzuhalten, daß die Auswahl eines Feldbussystems nicht mehr singulär zu beantworten, sondern vielmehr das gesamte Automatisierungskonzept zu betrachten ist. Zum Entwurf dieses Automatisierungskonzeptes sind einerseits der Stand der Technik und andererseits die kaufmännischen und vertriebstechnischen Aspekte der Anwendung, ebenso wie die ablauforganisatorischen Aspekte im planenden Unternehmen, zu betrachten.

2 Begriffsdefinition und historische Entwicklung

In diesem Kapitel werden grundlegende Begriffe und Strukturen erläutert, die zum Verständnis der Feldbusse, ihrer Anwendung und Einordnung benötigt werden. Dabei handelt es sich sowohl um technische, als auch um anlagenorganisatorische Strukturen, die sich je nach Anwendungsbranche unterscheiden.

Als grundlegende organisatorische Struktur wird die Informationspyramide erläutert. Danach folgt die Begriffsdefinition von *Feldbus* und *Zellenbus*, die die verschiedenen Ebenen der Informationspyramide miteinander vernetzen. Nach der Erläuterung der besonderen Einsatz- und Umweltbedingungen von Feldbussystemen wird abschließend ein Ausblick auf zukünftige Entwicklungen gegeben.

2.1 Informationspyramide

Die Informationspyramide stellt ein hierarchisches Abstraktionsmodell für den Aufbau komplexer, mehrschichtiger Anlagen dar. In ihr werden – von der Prozeßleitebene bis zur Sensorebene – die einzelnen organisatorischen Bereiche eines automatisierten Prozesses aufgezeigt. In der für den Anlagenbau typischen Informationspyramide (Abb. 2.1) sind von oben nach unten folgende Ebenen dargestellt: die *Prozeßleitebene*, die *Visualisierungsebene*, die *Steuerungs- und Regelungsebene* und die *Prozeßebene*. Diese Ebenen sind untereinander mit unterschiedlichen Bussystemen vernetzt, worunter sich auch die Feldbussysteme befinden.

2.1.1 Prozeßebene

Die Prozeß- oder auch Sensor-Aktor-Ebene, stellt die Schnittstelle der übergelagerten Ebenen zum Prozeß her. Dabei erfassen die Sensoren die einzelnen, im Prozeß auftretenden physikalischen Größen, wie z. B. Temperatur, Druck, Weg usw. und wandeln diese in von der übergelagerten Steuerung oder Regelung weiterverarbeitbare elektrische Werte um. Durch die Aktoren können einzelne Prozeßparameter beeinflußt werden, z. B. durch Einschalten einer elektrischen Heizung die Temperatur oder durch Ansteuerung eines Motors die Geschwindigkeit. Dies geschieht,

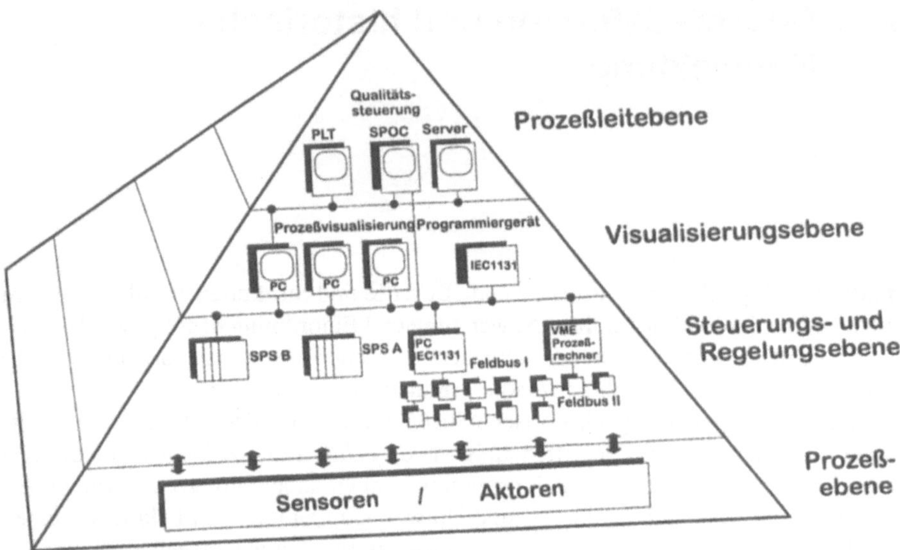

Abbildung 2.1. Typische Informationspyramide aus dem Anlagenbau

analog zu den Sensoren, durch Übertragung elektrischer Signale an Geräte, die diese Signale in physikalische Größen umformen können.

Zur Zeit sind viele Sensoren noch nicht feldbusfähig, d. h. die Sensoren werden, jeder einzeln für sich mittels Parallelverdrahtung, an eine Steuerung oder Regelung angeschlossen. Der Trend geht aber hin zu intelligenten Sensoren und Aktoren, die entweder feldbusfähig sind, oder aber spezielle Aufgaben unabhängig von der übergelagerten Steuerung erledigen können (z. B. eine dezentrale Regelung).

2.1.2 Steuerungs- und Regelungsebene

Die Steuerungs- und Regelungsebene erfüllt alle Aufgaben, die zur direkten Beeinflussung der Anlage und Weiterbearbeitung der aufgenommenen Meßwerte aus der Anlage anfallen. In dieser Ebene sind die typischen Automatisierungsgeräte, wie speicherprogrammierbare Steuerungen (SPS) oder intelligente Antriebe (z. B. Positionieren mit Servos) angesiedelt. Zusätzlich kann in der Steuerungs- und Regelungsebene über Bediengeräte und Anzeigen im Schaltschrank auf den Prozeß in gewünschtem oder notwendigem Maße Einfluß genommen werden.

Heutige Steuerungen sind kommunikationsfähig und können über unterschiedlichste Bussysteme mit anderen Geräten bzw. Steuerungen in Verbindung treten. Allerdings sind nicht alle Steuerungen mit dem gleichen Bussystem ansprechbar, so daß eine Vernetzung unterschiedlicher Steuerungen aufwendig sein kann.

Da auf den im Anlagenbau eingesetzten Rechner- und Steuerungsstrukturen zum Teil Prozesse in Echtzeit ablaufen, müssen die Feldbussysteme ebenfalls Echtzeitbedingungen genügen. Während ein normaler Prozeß abgearbeitet wird, ist das Datenvolumen über die Feldbusse relativ konstant und somit vorhersagbar – die Bandbreite kann so je nach Zeitanforderungen ausgewählt werden. Sobald über die Feldbusse auch andere Werte als Prozeßdaten, wie z. B. neue Programme für die Steuerungen und Regelungen oder größere Parameterblöcke für Antriebssysteme, übertragen werden, muß, sofern der Prozeß während dieser Übertragungszeit normal weiterlaufen soll, eine entsprechende Bandbreitenreserve vorhanden sein.

2.1.3 Visualisierungsebene

Die Visualisierungsebene ist – übergelagert zur Steuerungs- und Regelungsebene – für die komplette Aufarbeitung und Darstellung von prozeßrelevanten Parametern zuständig.

Zur Visualisierung gehören folgende Punkte:

- Zustandsdarstellung von Ein- und Ausgängen aus dem aktuellen Prozeßabbild
- Einblendung relevanter Prozeßparameter in eine Anlagengrafik mit Zuordnung der Werte zu den entsprechenden Anlagenteilen
- Anzeige von aufgezeichneten Daten, wie z. B. Trendgrafiken, statistisch errechneten Werten usw.
- Änderung von aktuellen Werten und Zuständen der unterlagerten Steuerungen.

In der Visualisierungsebene kann außer den eigentlichen Visualisierungsrechnern auch noch eine Möglichkeit für dezentrale Programmierung der unterlagerten Steuerungen realisiert werden. Hier setzt man netzwerkfähige Programmiergeräte ein, die die Systeme der Steuerungs- und Regelungsebene über die vorhandenen Bussysteme programmieren können.

Das Datenaufkommen auf den hier eingesetzten Netzwerken ist hoch, und eine Echtzeitfähigkeit der Netzwerke ist nur bedingt erforderlich, um z. B. schnelle Trendings oder aktuelle Visualisierungen mit großem dynamischen Anteil aufzubauen.

2.1.4 Prozeßleitebene

In der Prozeßleitebene findet die Überwachung des kompletten Prozesses statt. Darunter fällt z. B. die Speicherung und Auswahl unterschiedlicher Produktionsrezepturen, Datenbanken für Materialwirtschaft, Qualitätssteuerung und -sicherung usw.

In dieser Ebene ist das Spitzendatenvolumen, welches über die Netzwerke transportiert werden muß, sehr groß, da über diese Ebene die komplette Anlage erreicht werden kann (zentrale Stelle). Das Spitzendatenvolumen wird aber nur sporadisch erreicht (z. B. bei Produktionsumstellungen mit kompletten Rezepturwechseln, Softwareupdates oder Zugriff auf große Datenbanken) – dennoch muß die Anlage auch bei großer Auslastung des Netzwerks stabil laufen. Ausreichende Bandbreite stellen hier nur leistungsfähige Strukturen wie z. B. ATM-Netze oder Fast-

Ethernet zur Verfügung. Diese bieten zwar zum Teil kein deterministisches Zeitverhalten bei hoher Netzlast, dieses ist aber in dieser Ebene nicht mehr notwendig, eine Echtzeitfähigkeit der Netzwerke also nicht gefordert.

Als Rechnerstrukturen werden hier – je nach Anlagentyp und -branche – PCs oder Workstations eingesetzt, die ausreichende Rechenleistung zur Verfügung stellen.

2.1.5 Andere Informationspyramiden

In den unterschiedlichen Bereichen, die durch die Automatisierungstechnik abgedeckt werden, sind mehrere verschiedene Informationspyramiden, teilweise mit unterschiedlichen Bezeichnungen und Voraussetzungen, definiert. Hieraus ergibt sich eine Begriffsvielfalt, die die Kommunikation zwischen Automatisierungstechnikern, die aus unterschiedlichen Industriezweigen kommenden, drastisch beeinträchtigen kann.

Informationspyramide in der Produktionstechnik Die Informationspyramide in der Produktions- und Fertigungstechnik (Abb. 2.2) unterscheidet sich von der Informationspyramide des Anlagenbaus (Abb. 2.1) durch die Zusammenfassung der Prozeßleitebene und der Visualisierungsebene. Im Maschinenbau sind die Teilbereiche, die automatisiert werden, in der Regel abgeschlossene Fertigungszellen (z. B. CNC-Maschinen mit Materialzuführung, Bearbeitungszentren usw.). Die Begriffe „Zellenbus/Prozeßbus“ zeigen bereits die unterschiedliche Bezeichnung in der Fertigungs- und Produktionstechnik (Zellenbus) und in der Prozeßtechnik (Prozeßbus).

Als Visualisierungsebene bzw. Prozeßleitebene wird hier die Fertigungskontrolle bzw. die Fertigungsplanung eingesetzt, die über Maschinenauslastung, Materialfluß und die Verteilung der Fertigungsschritte auf einzelne, evtl. gleichartige, Maschinen entscheidet.

2.2 Feldbus, Zellenbus – Einordnung der Feldbusse

Wie bereits erwähnt, sind die automatisierungstechnischen Komponenten auf den einzelnen Ebenen mit unterschiedlichen Bussystemen vernetzt. Diese Bussysteme müssen unterschiedlichen Anforderungen gerecht werden, wie die einführenden Erläuterungen hinsichtlich des Aspektes Datenaufkommen und Echtzeitfähigkeit schon gezeigt haben. Zum einen befinden sich im automatisierten System *Zellenbussysteme*, die für die weitläufigere Vernetzung von größeren, in sich mehr oder weniger abgeschlossenen Teilbereichen, geeignet sind. Zum anderen sind in der Prozeßebene die klassischen *Feldbussysteme* vorhanden, welche die einzelnen Sensoren und Aktoren mit den Steuerungen verbinden.

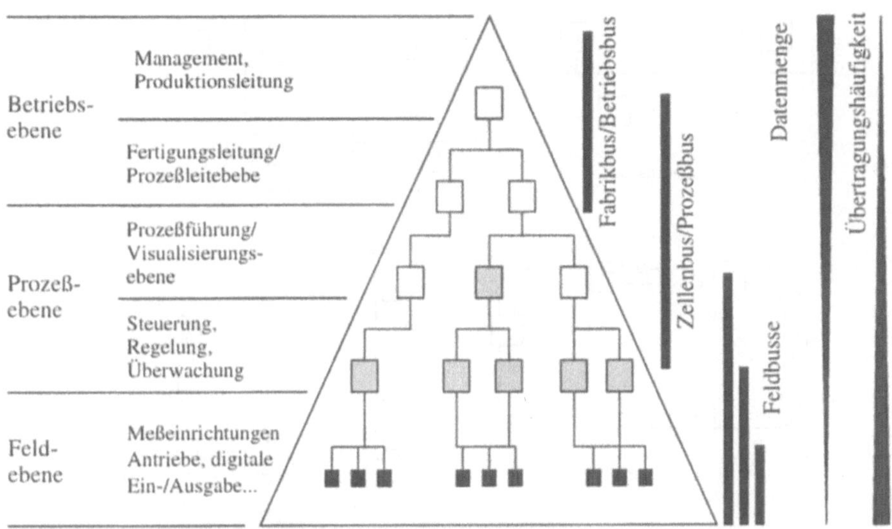

Abbildung 2.2. Kommunikation im Bereich der Fertigungs- und Prozeßautomatisierung (in Anlehnung an VDE/VDI 3687)

Die Vernetzung der Prozeßleitebene zur kaufmännischen Datenverarbeitung soll hier bewußt nicht behandelt werden, weil diese Netze nicht den spezifischen Anforderungen der Automatisierungstechnik und der Produktion unterworfen sind.

2.2.1 Grundlegende Netzwerktopologien

In vernetzten Rechnersystemen, zu denen auch intelligente automatisierungstechnische Komponenten zählen, kann man drei grundlegende Netzwerktopologien unterscheiden.

Es sind die aus der LAN-Technik bekannten Strukturen:

- Ring,
- Linie,
- Baum

und Kombinationen daraus (Abb. 2.3). Dabei ist außerdem zwischen logischer und physikalischer Struktur zu unterscheiden. Die physikalische betrifft die Physik des Kabels und die Verbindung der verschiedenen Teilnehmer, die logische das Ansprechen der verschiedenen Busteilnehmer z. B. bei der Zuteilung des Busses.

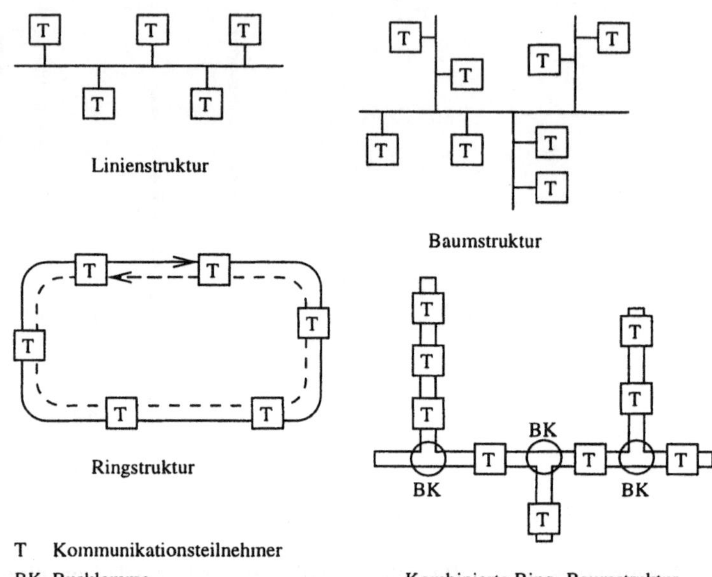

Abbildung 2.3. Grundlegende Busstrukturen

Die Topologie ist hinsichtlich ihres Einflusses auf:

- die möglichen Abschalt- und Ausfallstrategien,
- die Installation im Feld,
- die Realisierbarkeit von Redundanz und
- die sinnvollen Buszugriffsverfahren und damit bei Behandlung von zeitkritischen Informationen relevant.

Mittlerweile haben sich auch verschiedene topologische Mischformen herausgebildet. Für die Auslegung des Feldbussystems ergibt sich die Frage nach der notwendigen Länge des Buskabels und damit nach der Entfernung zwischen Anschaltbaugruppe und Klemmenkasten oder Klemmenkasten und Sensor/Aktor. Abhängig von der Dezentralität des Aufbaus und der Intelligenz der dezentralen Stationen, folgen daraus die verschiedenen Konzepte.

Die Art des physikalischen Mediums (Lichtwellenleiter aus Glas oder Kunststoff, Kupferkabel usw.) begrenzt die Leitungslänge und damit die Entfernung zwischen den Busteilnehmer ebenso, wie die Möglichkeit des Einsatzes von Repeatern usw. Die unterschiedlichen Systeme unterscheiden zum Teil zwischen Lokalbus und Fernbus, d. h. zwischen der Übertragung über weite Strecken und dem Übertragen zwischen den Modulen auf einer Hutschiene innerhalb eines Klemmenkastens.

2.2.2 Zellenbussysteme / Prozeßbus

Der Begriff *Zellenbussystem* kommt aus dem Maschinenbau. Dort werden mit diesen Bussystemen einzelne Fertigungszellen vernetzt, um Daten zwischen diesen Fertigungszellen (wie z. B. „Werkstück fertig") an die Leitebene weiterzuleiten bzw. mit einer weiteren Fertigungszelle Informationen auszutauschen und neue CNC-Programme im Rahmen des CAM (Computer Aided Manufacturing) zu übermitteln.

Im Anlagenbau existieren in der Regel keine solchen Fertigungszellen an sich; es kommt hier auf die Zusammenarbeit der einzelnen Steuerungen der Teilanlagen an. Dort verbinden die Zellenbussysteme die einzelnen Komponenten der Steuerungs- und Regelungsebene miteinander und stellen die Datenübertragung zur Visualisierungsebene sicher. Der Begriff Zellenbus soll demnach auch für den Bereich des Anlagenbaus und der Prozeßautomatisierung verwendet werden, um die branchenabhängige Benennung zu vermeiden.

Über die Zellenbussysteme kann auch eine Programmierung der unterlagerten Zellensteuerungen oder der Steuerungs- und Regelungsgeräte vorgenommen werden. Die Übertragungskapazität der Zellenbussysteme muß deshalb genügend Reserven zur Verfügung stellen, um das Datenvolumen, welches für eine Programmierung notwendig ist, ohne Beeinflussung der normalen Funktionalität der Anlage sicherzustellen.

Zu den Zellenbussystemen gehören unter anderem:

- Profibus FMS
- ControlNet
- Industrial Ethernet (H1)
- Standard-Ethernet.

Diese Bussysteme werden in Kapitel 4.5 ausführlich behandelt.

Durch den Einsatz der Zellenbussysteme auf einer höheren Abstraktionsebene im automatisierten System, dienen sie nicht mehr zum Austausch von Informationen mit dem eigentlichen Prozeß – diese Funktionalität ist den Feldbussen vorbehalten.

2.2.3 Feldbussysteme

Die *Feldbussysteme* sind, wie der Begriff schon andeutet, direkt im Feld, also in der Anlage bzw. im Prozeß angesiedelt. In konventioneller Parallelverdrahtungstechnik (Abb. 2.4(a)) benötigt man viele einzelne, mitunter sehr lange Kabel zu den einzelnen Sensoren und Aktoren. Der Aufwand für die Verlegung der Kabel und die Materialmenge sind dementsprechend hoch – die Wartung ist bei größeren Anlagen entsprechend aufwendig. Demgegenüber steht die Verdrahtung über ein Feldbussystem (Abb. 2.4(b)), bei dem die einzelnen Sensoren und Aktoren mittels einer seriellen Kommunikation über ein einzelnes Kabel mit der Steuerung verbunden werden. Die Vorzüge dieses Systems sind offensichtlich: geringere Anzahl der Kabel und leichtere Störungsbehebung durch intelligente Diagnosetools, die Fehler in der Verkabelung anzeigen und melden können.

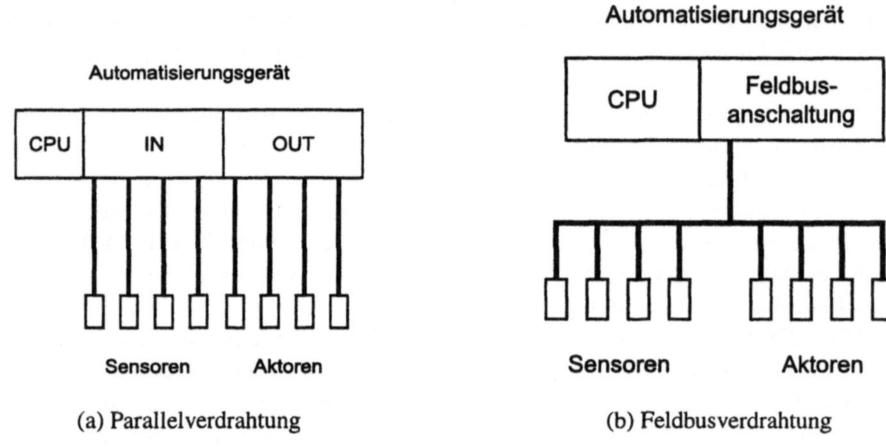

(a) Parallelverdrahtung (b) Feldbusverdrahtung

Abbildung 2.4. Verdrahtungstechniken für Sensoren und Aktoren

Da die Feldbusse zur direkten Kommunikation zwischen den Steuerungen und Regelungsgeräten sowie dem zu automatisierenden Prozeß dienen, ist es in der Regel erforderlich, daß die Feldbussysteme Echtzeiteigenschaften besitzen. Dazu gehört sowohl eine ausreichende Bandbreite, als auch eine kurze Zugriffszeit auf die unterlagerten Sensoren und Aktoren.

Ebenfalls notwendig ist die Möglichkeit, über die verwendeten Feldbussysteme eine Parametrierung von intelligenten Sensoren und Aktoren (wie z. B. Frequenzumrichtern) vorzunehmen, ohne den laufenden Kommunikationsprozeß mit den anderen Endgeräten zu beeinflussen.

Aufgrund der heute verfügbaren Datenraten von mehreren 100 kbit/s bis zu 12 Mbit/s (je nach Feldbussystem und Länge der Bussegmente) genügen die heute gängigen Feldbusse den oben angesprochenen Anforderungen. Jedoch ist bei den einzelnen Feldbussen die Übertragung größerer Datenpakete systembedingt unterschiedlich realisiert, und die Echtzeiteigenschaften von Bussystem zu Bussystem sehr unterschiedlich.

Zu den Feldbussystemen zählen unter anderem:

- Profibus DP
- AS-Interface
- Interbus Loop
- Interbus
- CANopen

- DeviceNet
- Beckhoff Lightbus
- LON
- Modbus
- Remote I/O
- DIN-Meßbus.

Die heute gängigen, marktüblichen Feldbussysteme werden in Kapitel 4 detailliert behandelt.

2.3 Einsatz- und Umweltbedingungen

Für die Feldbussysteme gelten aufgrund der Nähe zum Prozeß folgende Einsatz- und Umweltbedingungen:

- Einsatztemperatur
- Feuchte
- Elektromagnetische Verträglichkeit
- Besondere Anforderungen wie Explosionsschutz oder Schutzklasse.

2.3.1 Temperatur

Bei der Einsatztemperatur ist außer der Umgebungstemperatur auch die Temperatur, die wirklich auf die Baugruppe wirkt, zu betrachten. Dies ist, neben der Temperatur im Einsatzland, die Temperatur im Gebäude (beispielsweise entstehen an einer Heizpresse Temperaturen von bis zu 65°C). Zusätzlich ist der Temperaturanstieg in einem Klemmenkasten oder Schaltschrank durch die Eigenwärme der Baugruppen zu berücksichtigen; diese kann bis zu 10°C betragen. Die Berechnungsgrundlagen sind den Projektierungsrichtlinien von Schaltschrankherstellern zu entnehmen. Die marktüblichen Feldbuskomponenten liegen in der Regel bei -25 bis +55°C und in Einzelfällen auch bis +65°C.

Grund für die Begrenzungen sind die Elektronikbauteile (hier gibt es auch MIL Ausführungen, d. h. für militärische Zwecke, die unter anderem für höhere Temperaturen spezifiziert sind), aber auch die SMD-Festigkeit und die Rüttelfestigkeit in Folge der Erwärmung des SMD-Lots.

Insbesondere beim Einsatz von absolut dezentralen Komponenten, wie AS-Interface (Integration der Busanschaltung in den Sensor), ist die Temperatur häufig eine kritische Randbedingung, weil der Sensor direkt in der Maschinenumgebung sitzt und somit den Temperatureinflüssen noch stärker ausgesetzt ist, als ein Klemmenkasten am Rand der Maschine.

Hohe Temperaturen wirken sich ebenfalls auf die physikalischen Übertragungsmedien aus. Bei Lichtwellenleitern (LWL) setzt die Trübung des Glas- oder Kunststoffkerns ein und führt damit zu schlechteren Übertragungseigenschaften.

2.3.2 Feuchte

Die Feuchte ist primär bei Installationen in Südostasien problematisch, wo Luftfeuchtigkeiten von über 90% herrschen und es damit schon zu Kondensation auf den Bauteilen kommen kann.

Maßnahmen gegen die hohe Luftfeuchte sind durch den Einbau in Klemmenkästen mit zusätzlichen hygroskopisch wirkenden Mitteln (im Falle der Öffnung des Klemmenkastens zu Wartungszwecken), oder den Einbau von Klimageräten (teuer und oft nicht praktikabel) möglich. In vielen Fällen (über 85% Luftfeuchtigkeit) ist die Aufstellung im klimatisierten Schaltschrank häufig notwendig.

Im Zweifelsfalle sollten die Daten im Aufstellungsland detailliert untersucht werden. So bewegt sich beispielsweise die Luftfeuchtigkeit im tropischen Teil Indonesiens zwischen einem Minimum von 73% und einem Maximum von 87%. [42]

2.3.3 EMV-Einflüsse

Nicht nur die Auswahl der Ein-/Ausgangsmodule selbst sondern auch die des physikalischen Übertragungsmediums ist durch die Umweltbedingungen beeinflußt. So sind elektromagnetische Störungen im Rahmen der Einführung von drehzahlveränderlichen Antrieben großer Leistungen, mittlerweile weitverbreitet.

Diese Einstreuungen sind einerseits durch entsprechende Installationstechnik [19, 47] zu reduzieren. Andererseits ist ihr Einfluß auf die Zuverlässigkeit eines Bussystems durch den Einsatz von Lichtwellenleitern (LWL) als Übertragungsmedium zu verringern.

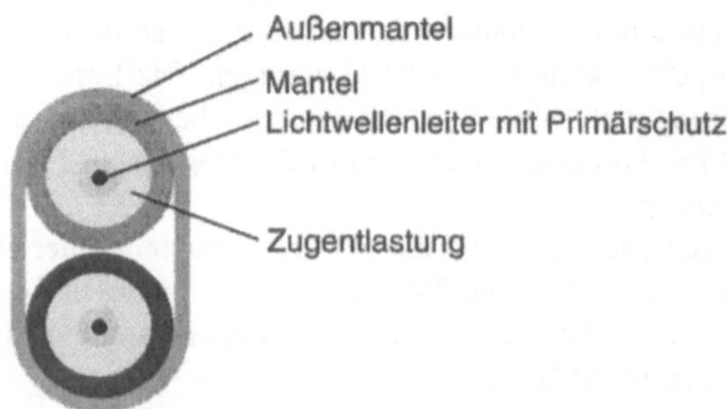

Abbildung 2.5. Prinzipieller Aufbau eines LWL-Kabels für Vollduplex-Betrieb – Bild mit freundlicher Genehmigung von Phoenix Contact

Auf LWLs (es gibt hier Glasfaser und Kunststofffasern) wirken aufgrund der optischen Einkopplung der Informationen keine elektromagnetischen Störungen. Abb. 2.5 zeigt schematisch den Aufbau von duplexfähigen Lichtwellenleiterkabeln.

Sie bestehen prinzipbedingt immer aus zwei LWL, da für jede Übertragungsrichtung eine Faser benötigt wird. Nur bei reinen Ringsystemen kann auf die zweite Faser verzichtet werden; sie wird durch die Schließung des Rings überflüssig.

2.3.4 Explosionsschutz

In prinzipiell explosionsgefährdeten Umgebungen wird zwischen zwei Bereichen unterschieden: den sicheren und den explosionsgefährdeten Bereich. Für den explosionsgefährdeten Bereich existieren drei Zonen, in denen jeweils eine unterschiedliche Wahrscheinlichkeit für das Vorhandensein explosionsfähiger Atmosphären vorliegt:

- Zone 0
  In Zone 0 ist immer oder langfristig mit explosionsfähiger Atmosphäre zu rechnen. Hierzu gehören vor allem Bereiche innerhalb geschlossener Behälter, die brennbare Gase oder Flüssigkeiten enthalten.
- Zone 1
  In Zone 1 ist zeitweilig bis gelegentlich mit explosionsfähiger Atmosphäre zu rechnen. In dieser Zone werden explosionsfähige oder brennbare Stoffe hergestellt, verarbeitet oder gelagert. Beispiele für Zone 1-Bereiche sind Füll- und Entleerungseinrichtungen, undichte Stellen an Schiebern, Pumpen, Ventilen usw.
- Zone 2
  In Zone 2 ist nur selten, und dann nur kurzfristig, mit explosionsfähiger Atmosphäre zu rechnen. Zone 2 umgibt Zone 1 und Zone 0.

Für alle Zonen gelten folgende atmosphärische Bedingungen:

$$\begin{array}{rcccl} 800\text{mbar} & \leq & p_{amb} & \leq & 1100\text{mbar} \quad \text{und} \\ -20^{o}\text{C} & \leq & T_{amb} & \leq & +60^{o}\text{C} \end{array}$$

Zone 0 wird aufgrund der Umgebungsbedingungen oft nicht erreicht – es liegt in der chemischen Industrie meist Zone 1 vor.

Für Betriebsmittel, die keine großen Leistungen verarbeiten müssen, wird vom Hersteller der elektrischen Betriebsmittel meist Eigensicherheit (Ex i) als Schutzart angeboten. Hierbei ist sicherzustellen, daß die in den elektrischen Schaltkreisen zur Verfügung stehende Energie nicht zum Zünden eines zündfähigen Gemisches ausreicht.

2.4 Entwicklung

Die Entwicklung der Feldbus- und Zellenbussysteme steht nicht still. So werden weitere Feldbussysteme zur Normung eingereicht werden und bestehende Feldbusse mit weiteren Features um Punkte wie z. B. größere Modularität und Sicherheitstechnik erweitert werden.

Außerdem ist langfristig damit zu rechnen, daß der klassische Feldbus mehr und mehr von Systemen verdrängt wird, die es erlauben, große Systeme *einheitlich*, d. h. mit *einem* Bussystem zu vernetzen. Hier läßt die Leistungssteigerung von Netzwerkkomponenten auf Ethernet-Basis erwarten, auch einzelne Sensoren und Aktoren in absehbarer Zeit direkt an Weitverkehrsnetze anschließen zu können und somit die Busvielfalt einzuschränken, ohne auf die für die Automatisierung wichtigen Punkte, wie Kommunikations- und Störsicherheit verzichten zu müssen.

Bis dahin sind die zur Zeit verfügbaren Bussysteme der einzige Weg, den immensen Verkabelungsaufwand in automatisierten Anlagen zu begrenzen und gleichzeitig Diagnosefunktionen und Konfigurationsmöglichkeiten von Endgeräten zur Verfügung zu stellen. Am klassischen Feldbus geht zur Zeit kein Weg vorbei.

3 Technische Grundlagen

In diesem Kapitel werden die Voraussetzungen für eine Kommunikation zwischen informationstechnischen Systemen behandelt. Die Standardisierung eines abstrakten Übertragungsverfahrens stellt hierbei sicher, daß unterschiedlichste Systeme miteinander kommunizieren können, ohne daß der Anwender die technischen Einzelheiten des Mediums bzw. des Verfahrens kennen muß. Das ISO/OSI 7-Schichtenmodell, als genormte Grundlage für die Kommunikation zwischen Informationssystemen, wird im Anschluß besprochen. Insbesondere werden auch die Aspekte von Feldbussystemen in diesem Kommunikationsmodell betrachtet.

3.1 ISO/OSI 7-Schichtenmodell

Kommunikation zwischen informationstechnischen Systemen findet immer in irgendeiner Form über Netzwerke statt. Dabei ist es prinzipiell unerheblich, wieviele Teilnehmer an diesem Netzwerk angeschlossen sind.

Das ISO/OSI 7-Schichtenmodell (genormt in ISO 7498 [10]) stellt hierbei ein abstraktes Modell für die Kommunikation der Systeme über eben diese Netzwerke dar. Es stellt sicher, daß die Endgeräte an das Netzwerk angeschlossen werden können, daß die richtigen Partner an der Kommunikation teilnehmen und die Daten fehlerfrei übertragen werden können.

Das Schichtenmodell stellt ebenfalls die Möglichkeit zur Verfügung, daß zwischen komplett unterschiedlichen Systemen, z. B. mit unterschiedlicher Zeichenkodierung oder zwischen Rechnern mit *little endian*- und *big endian*-Kodierung von Zahlen bzw. Adressen kommuniziert werden kann.

Die einzelnen Teilaspekte dieser Kommunikation sind in dem Referenzmodell (Abb. 3.1) auf verschiedene Schichten verteilt, die untereinander definierte Schnittstellen aufweisen. Somit ist sichergestellt, daß ein bestimmtes Kommunikationsmodell bei Änderung einer Spezifikation, und somit einer Schicht des Referenzmodells (z. B. Übertragungsmedium), noch immer funktioniert.

Die Aufteilung der Funktionalität in die einzelnen Schichten ist willkürlich. Ebenfalls denkbar sind andere Zuordnungen und andere Schichteinteilungen. Die Art der Implementierung einzelner Schichten ist nicht vorgeschrieben; eine Schicht

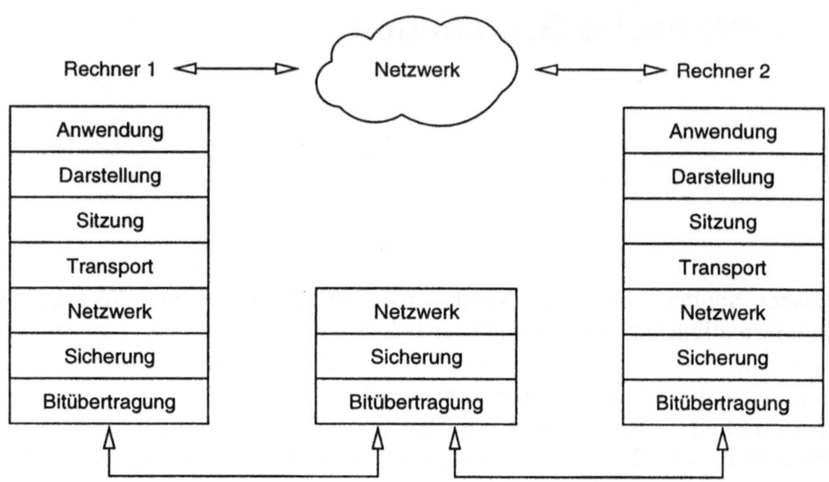

Abbildung 3.1. ISO/OSI 7-Schichtenmodell

kann z. B. auch mehrere Unterschichten enthalten. Ebenso ist es zulässig, daß einzelne Schichten, die hinsichtlich der Gesamtfunktionalität unnötig sind, nicht implementiert werden, d. h. , daß dann Daten von Schicht N an die Schicht N+2 weitergereicht werden.

Zwischen den Kommunikationsendgeräten können noch ein oder mehrere andere Geräte an der Kommunikation beteiligt sein. Dabei handelt es sich um Geräte, die für den Transport der Nachrichten in einem vermaschten Netzwerk notwendig sind (z. B. Router oder Gateways).

Zwischen zwei Teilnehmern kommuniziert jede Schicht des einen nur mit der entsprechenden gleichen Schicht des anderen. Schicht 1 des ersten Partners kommuniziert offensichtlich direkt mit Schicht 1 des zweiten Partners (direkte Hardwareverbindung). Schicht N des ersten kommuniziert mit Schicht N des zweiten Partners. Die unterliegenden Schichten bereiten die von Schicht N bereitgestellten Daten nur für die Übertragung weiter auf (Kommunikationspartner 1), im Kommunikationspartner 2 bereiten die unter der Schicht N liegenden Schichten die über das Übertragungsmedium transferierten Datenströme wieder für die Verwendung auf Schicht N auf (Abb. 3.2).

Wie man leicht erkennen kann, wächst von Schicht 7 bis zur Schicht 1 das Datenvolumen an. Jede Schicht fügt dabei bestimmte Daten an (in Abb. 3.2 grau hinterlegt), die zur weiteren Bearbeitung benötigt werden. Auf der Gegenseite werden die angefügten Daten in der jeweiligen Schicht analysiert und wieder entfernt. Die zusätzlich eingefügten Daten enthalten also Informationen für die anderen Schichten und die dort zu leistenden Dienste, z. B. Fehlerkorrekturinformationen, Transportwege usw.

Im folgenden werden die einzelnen Schichten erläutert. Die Schichten 1 – 4 zählen zu den netzwerknahen Schichten, die sich hauptsächlich mit der Kommunikation

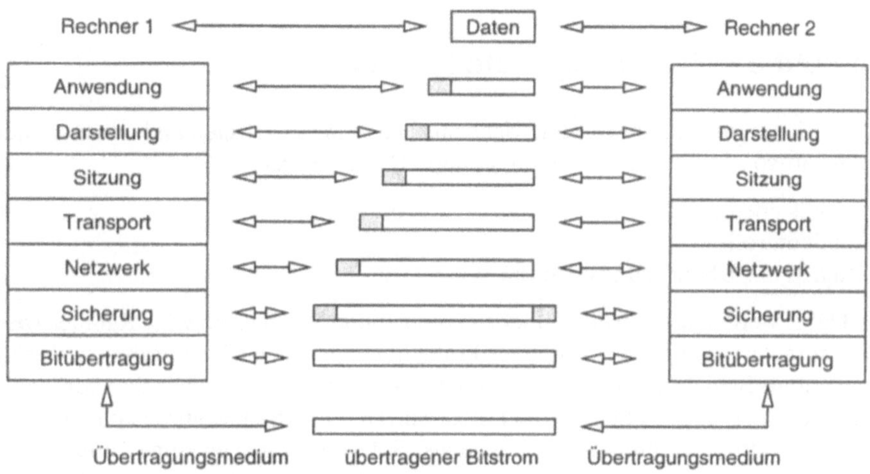

Abbildung 3.2. Kommunikation innerhalb des ISO/OSI 7-Schichtenmodells

der Systeme direkt beschäftigen, während die Schichten 5 – 7 die Kommunikation der eigentlichen Anwendungen, die auf den Rechnersystemen ablaufen, behandeln.

3.2 Schicht 1 – Bitübertragung (physical layer)

Schicht 1 ist die unterste Schicht des ISO/OSI 7-Schichtenreferenzmodells. In ihr werden alle für die direkte Übertragung notwendigen Informationen festgelegt. Dazu gehören:

- Übertragungsmedium (Kupferkabel, LWL, Funk ...)
- Anschluß des Übertragungsmediums (Steckerart, Steckerbelegung ...)
- Elektrische Eigenschaften der Übertragung (Pegel, Datenrate, Frequenzen, Modulationsverfahren ...).

In Schicht 1 werden nur unstrukturierte Datenströme über ein vorhandenes Medium gesendet – das Übertragungsmedium ist nicht Bestandteil des Referenzmodells. Schicht 1 definiert nur die Eigenschaften des Übertragungsmediums.

3.3 Schicht 2 – Sicherung (data link layer)

In der Sicherungsschicht werden Mechanismen zum fehlerfreien und transparenten Transport von Daten zur Verfügung gestellt. Dazu gehören:

- Datensicherung
- Flußkontrolle
- Zugriff auf Übertragungsmedium.

Dabei werden die von der Schicht 3 kommenden Daten in einzelne Rahmen *(frames)* aufgeteilt und jeweils mit einer Prüfsumme versehen. Diese Rahmen werden dann mittels Schicht 1 nacheinander zum Empfänger übertragen. Die dort vorhandene Schicht 2 stellt dann fest, ob die Daten fehlerfrei übertragen wurden und quittiert den einwandfreien Empfang der Rahmens. Sofern der Sender keine Quittung für die korrekte Übertragung eines Rahmens erhält (Rahmen fehlerhaft oder Quittung verloren), veranlaßt Schicht 2 des Senders eine erneute Übertragung des Paketes. Schicht 2 des Empfängers stellt ebenfalls sicher, daß ein einzelner Rahmen, der aufgrund fehlerhafter Übertragung mehrmals gesendet wurde, nicht mehrmals in die Empfangsnachricht eingebaut wird.

Die Qualität der Datensicherung läßt sich anhand der Hammingdistanz *d* bewerten. Die Fehlererkennungsmechanismen sind dann in der Lage, d - 1 Bitfehler in der übertragenen Nachricht zu erkennen. Bei der einfachen Sicherung von Datenwörtern mit einem Paritätsbit (Hammingdistanz d = 2) ist das System in der Lage, einen Übertragungsfehler zu erkennen, der nur ein Bit verändert hat, jedoch nicht mehr einen Fehler, der zwei Bits verändert hat.

1	2	3	4	5	6	7	8	9	Bitnummer
1	0	0	0	1	1	0	1	0	Originalnachricht
1	0	0	1	1	1	0	1	0	Nachricht mit einem Bitfehler
1	0	0	1	0	1	0	1	0	Nachricht mit zwei Bitfehlern

Abbildung 3.3. Erkennung von Fehlern mittels Paritätsbit (gerade Parität)

In Abb. 3.3 ist ein solcher Fall dargestellt. Die Originalnachricht, bestehend aus den Bits 1 – 8, ist mittels gerader Parität gesichert (Bit 9). Im ersten Fall tritt ein Fehler in Bit 4 auf. Dies kann erkannt werden, da die Anzahl der 1-Bits in diesem Wort nicht mehr gerade ist. Im zweiten Fall treten an den Bits 4 und 5 Fehler auf, die Anzahl der 1-Bits ist immer noch gerade, aber die Nachricht ist verfälscht.

Für die Übertragung größerer Nachrichten erweist sich die Sicherung von Datenblöcken mit Paritätsbits als nicht ausreichend – hier werden zyklische Verfahren

(CRC – Cyclic Redundancy Code) eingesetzt, die eine bessere Fehlererkennung ermöglichen. Die Berechnung dieser Prüfsumme geschieht mittels Polynomen, die auch direkt in Hardware implementierbar sind, wodurch sich die Verarbeitungsgeschwindigkeit erhöht und der Implementierungsaufwand in der Software verkleinert. Eine ausführliche Beschreibung von Fehlererkennungsmechanismen findet sich in [44].

Die Übertragung der so gesicherten Rahmen vom Sender zum Empfänger, kann auf zwei verschiedene Arten vonstatten gehen:

1. Der Sender sendet jeweils nur ein Paket und wartet auf die Quittierung, bis er erneut ein weiteres Paket verschickt. Falls eine bestimmte Zeit ohne Quittierung des Paketes verstrichen ist, wird das letzte Paket wiederholt.
2. Es wird zwischen dem Sender und dem Empfänger eine bestimmte Anzahl an Paketen vereinbart, die unquittiert bleiben dürfen. Solange diese Anzahl an unquittierten Paketen nicht überschritten ist, werden immer weiter neue Pakete gesendet bzw. fehlerhafte Pakete wiederholt.

Zur Anpassung der Übertragungsgeschwindigkeit ist eine Flußkontrolle notwendig, die ebenfalls von Schicht 2 zur Verfügung gestellt wird. Diese dient der Anpassung der Sendegeschwindigkeit an die Empfangsgeschwindigkeit und stellt sicher, daß der Sender die Daten nicht schneller abschickt, als der Empfänger diese empfangen bzw. weiterverarbeiten kann. Die Flußkontrolle kann auch durch den Quittierungsmechanismus zur Verfügung gestellt werden.

Ebenfalls von Schicht 2 wird der Zugriff auf das Übertragungsmedium festgelegt. Hierfür existieren zwei Verfahren:

1. Dezentrale Vergabe des Medienzugangs
   Bei der dezentralen Vergabe des Medienzugangs existiert kein bevorrechtigtes Gerät, welches den Zugang zum Medium freigibt. Es kann also jeder Sendewillige auf das Medium zugreifen. Deterministische Übertragung ist bei diesem Verfahren nur bei geringer Netzauslastung und mit speziellen Verfahren zur Kollisionserkennung (z. B. Prioritäten) möglich. Sofern solche Verfahren in den am Kommunikationsprozeß beteiligten Stationen nicht realisiert sind, ist keine Vorhersage über die Übertragungsdauer einer Nachricht möglich – alle Sender konkurrieren miteinander um den Zugriff auf das Medium.
   Die bekannteste Variante dieses Verfahrens ist CSMA/CD (*Carrier Sense Multiple Access/Collision Detection*), welches z. B. bei der Übertragung von Daten mittels Ethernet Verwendung findet. Die beteiligten Stationen müssen hierfür die von ihnen gesendeten Daten auf dem Medium überwachen. Sobald zwei Sender gleichzeitig mit der Datenübertragung beginnen, wird es zu einem Konflikt kommen, da die Sender in der Regel nicht identische Daten übertragen. Sobald eine Kollision erkannt wird, brechen beide Geräte die Übertragung ab, und beginnen nach einer *zufälligen* Zeit wieder mit der Übertragung. Da hier nicht sichergestellt werden kann, wann eine neue Übertragung beginnt, und ob zu diesem Zeitpunkt das Medium nicht schon wieder benutzt wird, ist dieses Verfahren nicht deterministisch.

Eine Verbesserung dieses Verfahrens ist CSMA/CA (*Carrier Sense Multiple Access/Collision Avoidance*), welches z. B. bei CAN eingesetzt wird. Hier existieren Prioritäten beim Senden von Daten, die durch die Dominanz von 0-Bits erreicht wird. Dieser 0-Pegel überschreibt einen evtl. schon vorhandenen 1-Pegel auf dem Medium. Derjenige Teilnehmer, welcher den 1-Pegel schreiben wollte, erkennt nun, daß ein zweiter Teilnehmer diesen durch einen 0-Pegel überschrieben hat, und beendet seine Übertragung. Der Teilnehmer, der den 0-Pegel gesendet hat, kann ungestört weiter Daten übertragen.

2. Zentrale Vergabe des Medienzugangs Bei der zentralen Vergabe des Medienzugangs existiert eine bevorrechtigte Station (Master), welche Senderechte an die anderen Teilnehmer vergibt. Damit ist – bei geeigneter Auslegung des Systems – eine deterministische Übertragung möglich. Ebenfalls können Prioritäten vergeben werden, damit wichtige Kommunikationspartner gegebenenfalls häufiger als unwichtige auf das Medium zugreifen können.

Feldbusse müssen bei Verwendung in zeitkritischen bzw. realzeitfähigen Systemen deterministisches Verhalten aufweisen.

Realzeitverarbeitung ist in DIN 44300 als „eine Verarbeitungsart, bei der Programme zur Verarbeitung anfallender Daten ständig ablaufbereit sind, derart, daß die Verarbeitungsergebnisse innerhalb einer vorgegebenen Zeitspanne verfügbar sind." definiert. „Die Daten können je nach Anwendungsfall nach einer zeitlich zufälligen Verteilung oder zu vorbestimmten Zeitpunkten anfallen." [9] Bemerkenswert ist hierbei, daß über die Zeitspannen keinerlei Aussagen gemacht werden – Realzeitverarbeitung ist somit keinerlei oberen bzw. unteren Zeitgrenze unterworfen, sofern die Daten hinreichend schnell zur Weiterverarbeitung bzw. Auswertung zur Verfügung stehen. Bei schnellen Motorregelungen sind somit andere Anforderungen an realzeitfähige Systeme gegeben als bei der Temperaturregelung eines eher trägen, großvolumigen Heizkessels.

Determinismus beschreibt die Vorhersagbarkeit der maximalen Zeit, die benötigt wird, um auf einen Teilnehmer im Feldbus zugreifen zu können. Für Realzeitverarbeitung ist die Kenntnis solcher maximalen Zugriffszeiten nötig, da sonst die vom äußeren Prozeß anfallenden Daten nicht in vorhersehbarer Weise verarbeitet werden können. Am Beispiel einer digitalen Regelung soll dies verdeutlicht werden: Um einfache Algorithmen verwenden zu können, ist man darauf angewiesen, daß vom zu regelnden Prozeß Abtastwerte des Istwerts mit gleichbleibender Abtastfrequenz eintreffen. Um dies verwirklichen zu können, muß eine Vorhersage darüber treffbar sein, wann die Werte gewonnen wurden bzw. gewonnen werden sollen, d. h. der Zugriff muß deterministisch erfolgen.

3.4 Schicht 3 – Netzwerk (network layer)

Die Netzwerkschicht hat die Aufgabe, eine Flußkontrolle durchzuführen, die Wegwahl durch das Netzwerk zu bestimmen, die Verbindung von Schicht 2 auf mehrere Endsysteme zu multiplexen, Fehlerbehandlung zu ermöglichen sowie wichtige Daten bevorzugt zu behandeln.

Die Flußkontrolle wird, wie schon bei Schicht 2 beschrieben, über den Quittierungsmechanismus gesteuert. Schicht 3 übermittelt an den Sender ein Quittungspaket, in dem bestätigt wird, daß die Nachricht am Ziel angekommen ist – dort muß sie aber nicht unbedingt schon verarbeitet sein.

Für den Fall, daß mehrere Kommunikationsteilnehmer auf das gleiche Netzwerk(segment) zugreifen wollen, stellt Schicht 3 Verfahren zur Verfügung, das Übertragungsmedium gleichzeitig für mehrere Teilnehmer zur Verfügung zu stellen. Dabei werden die Daten der einzelnen Endsysteme jeweils mit einer Ziel- und Herkunftsangabe versehen. Die Übertragung der Daten der einzelnen Endsysteme geschieht dann über die gleiche physikalische Verbindung. Schicht 3 des Empfängers bzw. des Zwischensystems muß dann entscheiden, welcher Kommunikationspartner in welchem Endsystem die Daten erhalten soll. Zusätzlich muß bei der Übertragung der Daten die Reihenfolge der einzelnen Pakete wiederhergestellt werden, da die Daten durch unterschiedliche Wegwahl im Netzwerk in unterschiedlicher Reihenfolge beim Empfängersystem eintreffen können (z. B. beim Einsatz von Routern).

Diese Wegwahl durch das Netzwerk ist ebenfalls Aufgabe der Schicht 3. Sie ist nur bei Systemen erforderlich, die über komplexe, vermaschte Netzwerke auf verschiedenen Wegen erreicht werden können (*routing*). Dabei kann zwischen einer statischen Wegwahl (virtuelle Verbindung) und einer dynamischen Wegwahl (Datagrammdienst) unterschieden werden. Bei der statischen Wegwahl durchlaufen alle Pakete die gleichen Abschnitte des Netzwerkes – unabhängig von der Lastsituation im Netzwerk. Die Transportwege sind hierbei in Routing-Tabellen festgelegt. Bei der dynamischen Wegwahl kann der Transportweg einzelner Pakete unterschiedlich sein und sich so der Lastsituation im Netzwerk anpassen, um überlastete Zwischenstrecken zu umgehen. Die Erkennung des Lastzustandes kann zentral von einem dedizierten Gerät oder dezentral von der Zwischenstation selbst vorgenommen werden.

Bei Feldbussen wird in der Regel die Netzwerkschicht nicht vollständig benötigt – sie kann in Einzelfällen komplett entfallen.

Anders ist die Situation bei Zellenbussystemen. Durch die Verbindung von verschiedenen Teilanlagen bzw. die Notwendigkeit, diese auf verschiedene Netzstränge aufzuteilen (z. B. aufgrund verschiedener Teillieferanten), wird eine Netzwerkschicht unter Umständen notwendig. So ist z. B. bei Ethernet bzw. SINEC H1 eine Implementierung aller sieben Schichten erforderlich.

3.5 Schicht 4 – Transport (transportation layer)

Schicht 4 des 7-Schichtenmodells ist die netzwerknächste Schicht, die direkt mit dem Zielsystem kommuniziert. Während Schicht 3 noch mit Zwischensystemen (z. B. Router oder Gateways) kommuniziert, wird von Schicht 4 eine Endsystemverbindung hergestellt – somit merkt Schicht 4 nichts von den Zwischensystemverbindungen und den Wegen, über die diese abgewickelt werden.

Aufgabe der Transportschicht ist es, die unter ihr liegenden Schichten in effektiver, kostengünstiger und transparenter Weise zu nutzen. Diese Funktionalität ist bei Feldbussen nicht nötig, bei Zellenbussen ist sie teilweise notwendig und bei Weitverkehrsnetzen zwingende Voraussetzung.

Schicht 4 bietet einer Applikation fünf verschiedene Verbindungsqualitäten (*Quality of Service – QoS*) an. Diese unterscheiden sich durch Fehlerbehandlungsmaßnahmen, Bandbreitenanforderungen und die Übertragbarkeit von Vorrangdaten. So ist es der Schicht 4 möglich, bei nicht ausreichender Bandbreite einer Netzwerkverbindung, diese auf mehrere Verbindungen aufzuteilen und auf der Empfängerseite wieder zusammensetzen zu lassen. Ebenso sind spezielle Fehlerbehandlungsmaßnahmen denkbar, die von Schicht 2 und 3 nicht erkannte Fehler beheben. So muß z. B. ein Abbruch einer fehlerhaften Kommunikationsverbindung durch Schicht 3 nicht unbedingt einen Abbruch der kompletten Verbindung nach sich ziehen. Schicht 4 kann einen erneuten Verbindungsaufbau veranlassen und die Daten dann wieder übertragen.

Auf einem Rechner können mehrere unterschiedliche Anwendungen gleichzeitig ablaufen, die Daten mit anderen Rechnern austauschen müssen. Diese unterschiedlichen Applikationen haben in der Regel verschiedene Anforderungen an die Netzwerkverbindung zum Zielsystem. So sind auf einem Rechner Applikationen denkbar, die einen hohen Datendurchsatz bei einer mäßigen Restfehlerrate benötigen, genauso wie Applikationen, bei denen es auf eine besonders hohe Datensicherheit ankommt.

Da die in der Automatisierungstechnik eingesetzten Geräte in der Regel feste Kommunikationspartner haben, ist es für die dort eingesetzten Feldbussysteme nicht notwendig, verschiedene Kommunikationskanäle aufzubauen. Bei Anwendungen der Prozeßleitebene ist es aber durchaus sinnvoll und notwendig, verschiedene Kanäle zu ermöglichen. Schicht 4 wird somit vorwiegend in Netzen mit vielen unterschiedlichen Teilnehmern und unterschiedlichsten Plattformen an weit verteilten Standorten notwendig, die nicht mehr über ein einziges physikalisches Medium ansprechbar sind (Bürokommunikation und Weitverkehrsnetze).

Um nicht alle Verbindungen mit der gleichen Qualität aufbauen zu müssen, kann für eine einzelne Verbindung eine bestimmte Qualität vereinbart bzw. angefordert werden. Insgesamt stehen fünf verschiedene Dienstqualitäten zur Verfügung, die jedoch nicht in jeder Implementation einer Schicht 4 auf einem bestimmten Kommunikationssystem vorhanden sein müssen. Allein Dienstgüte 0 muß von jeder Implementation zur Verfügung gestellt werden. In Tabelle 3.1 sind die einzelnen Merkmale zusammengefaßt.

Güteklasse	Name	Segmentierung	Vorrangdaten	Multiplexen	Behebung erkannter Fehler	Behebung bisher unerkannter Fehler
0	Simple	●				
1	Basic Error Recovery	●	●		●	
2	Multiplexing	●	●	●		
3	Error Recovery and Multiplexing	●	●	●	●	
4	Error Detection and Recovery	●	●	●	●	●

Tabelle 3.1. Merkmale der Dienstgüteklassen

Segmentierung Durch die begrenzte Paketlänge, die die Schicht 3 übertragen kann, ist es Aufgabe der Schicht 4, die Daten, die von den über ihr liegenden Schichten kommen, in geeignet große Pakete aufzuteilen (zu segmentieren) und am Zielort wieder reihenfolgerichtig zusammenzusetzen. Dabei ist es prinzipiell unerheblich, ob einzelne Teilsegmente über unterschiedliche Netzwerkverbindungen übertragen werden (z. B. bei hohem Bandbreitenbedarf).

Vorrangdaten Vorrangdaten sind Daten, die nicht der normalen Flußkontrolle von Schicht 3 unterworfen sind. Durch die Fähigkeit, Vorrangdaten übertragen zu können, bieten sich einem Kommunikationspartner Möglichkeiten, schneller auf kritische oder wichtige Ereignisse zu reagieren (z. B. Alarmbehandlung).

Multiplexen Durch Multiplexen wird eine bestehende Kommunikationsverbindung auf mehrere Anwendungen verteilt. Dabei muß sichergestellt werden, daß jede Anwendung die entsprechend für sie bestimmten Daten erhält – d. h. die Transportschicht muß wissen, welche Datenpakete, die ihr von Schicht 3 übergeben werden, zu welcher Applikation weitergeleitet werden müssen.

Behebung erkannter Fehler Bei Auftreten eines Fehlers, den eine niedrigere Schicht schon erkannt hat, aber nicht selbst beheben konnte, veranlaßt Schicht 4 einen erneuten Verbindungsaufbau und die nochmalige Übertragung der fehlerhaften Daten. Es können hier aber nicht zusätzlich zu den Kontrollmechanismen weitere Fehlererkennungsmechanismen implementiert werden. Wenn ein Fehler nicht von einer niedrigeren Schicht erkannt wurde, besteht bei Verbindungen mit maximal dieser Dienstgüte keine Möglichkeit, den Fehler zu entdecken.

Behebung bisher unerkannter Fehler Trotz Überprüfung der Datenpakete in den unter Schicht 4 liegenden Schichten besteht die Möglichkeit, daß fehlerhafte Pakete nicht erkannt werden. Gründe hierfür sind beispielsweise eine ungünstige Kombination der Fehler (z. B. Daten und Prüfsumme gleichzeitig fehlerhaft) oder Schicht 3 konnte den Fehler nicht korrigieren und somit die Verbindung nicht aufrechterhalten. Schicht 4 stellt mit der höchsten Dienstgüte Methoden zur Verfügung, solche Fehler dennoch zu erkennen und zu korrigieren bzw. die Daten erneut zu übertragen.

3.6 Schicht 5 – Sitzung (session layer)

Die Sitzungsschicht dient zur Strukturierung einer Kommunikationsverbindung – der Begriff der Moderation der Kommunikation liegt nahe. Diese Funktionalität wird – ebenso wie die der Schichten 3 und 4 – in Systemen mit komplexen Kommunikationsmöglichkeiten verwendet. Für Feldbussysteme mit einer nahezu festen Teilnehmerkonfiguration kann sie entfallen.

Im Bereich der Büro- und Weitverkehrskommunikation (z. B. via Internet) sind allerdings Mechanismen notwendig, die es den Systemen erlauben, strukturiert zu kommunizieren.

Zur Strukturierung sind unter anderem folgende Punkte wichtig:

- Festlegung des Starts und des Endes der Kommunikation
- Festlegung, welcher Teilnehmer gerade Daten senden darf
- Bestätigungsdienste für die Übertragung von Daten
- Ausnahmebehandlung.

Dialogaufbau Zu Beginn einer Sitzung muß als erstes eine Verbindung aufgebaut werden, um die Daten aus den Anwendungen geordnet zu übertragen. In dieser Sitzungsverbindung kann z. B. ein Filetransfer, das Einloggen auf einem anderen Rechner usw. erfolgen.

Dabei kann eine Sitzung komplett innerhalb einer Transportverbindung ablaufen, die zu Beginn aufgebaut und am Ende der Sitzung wieder abgebaut wird. Es ist aber auch möglich, *nacheinander* mehrere Sitzungen auf einer Transportverbindung ablaufen zu lassen. Ebenfalls ist es denkbar, daß eine Sitzung nacheinander mehrere Transportverbindungen benutzt, wenn z. B. eine Verbindung ausfällt (in diesem Fall wird innerhalb der Sitzung eine neue aufgebaut).

Im Gegensatz zur Transportschicht, die eine Transportverbindung auf mehrere Netzwerkverbindungen aufteilen darf, ist es der Sitzungsschicht nicht gestattet, mehrere Sitzungen auf eine Transportverbindung aufzuteilen. Das Verteilen (Multiplexen) der anfallenden Daten ist Aufgabe der Schicht 4.

Beim Abbau der Sitzungsverbindung werden die Daten, die noch über das Netzwerk unterwegs sind, bis zur Zielstation weitergeleitet. Bei der Transportverbindung ist dies nicht der Fall, was bei deren Abbau zu Datenverlust führen kann.

Dialogverwaltung Der Standard für die Kommunikation mit dem 7-Schichtenmodell ist eine Vollduplex-Kommunikation, d. h. beide Teilnehmer können und dürfen gleichzeitig Daten senden und beide Kommunikationsteilnehmer sollten somit auch jederzeit Daten empfangen können. Viele Anwendungen haben aber nicht die Anforderung, daß beide Teilnehmer gleichzeitig kommunizieren müssen – es reicht oft eine Halbduplex-Verbindung aus.

Die Halbduplex-Kommunikation wird über ein Token gesteuert, welches am Anfang der Verbindung einem Teilnehmer zugeteilt wird. Nur der Besitzer dieses Tokens darf dann Daten senden. Sobald der Tokeninhaber nicht mehr senden möchte bzw. auf Daten vom anderen Kommunikationspartner wartet, wird das Token abgegeben. Sofern der Teilnehmer ohne Token Daten senden möchte, kann er um die Zuteilung des Tokens bitten, was aber nicht unbedingt zu einer Zuteilung führen muß – dies entscheidet der Inhaber des Tokens. Die Möglichkeit, Vorrangdaten zu übertragen, besteht aber immer.

Aktivitätsverwaltung Die Aktivitätsverwaltung dient zur Strukturierung der Kommunikation zwischen zwei Partnern. Der Datenstrom wird hierzu in gekapselte Einheiten aufgeteilt, die voneinander unabhängig sind.

Wenn mehrere Anwendungen auf einem Rechner mit einem anderen Partner kommunizieren wollen, so sind deren Daten meist unterschiedlich aufgebaut. So sind für die Übertragung von Dateien andere Strukturierungsmaßnahmen erforderlich als für ein Applikationsprogramm, mit dem man diese Dateien (z. B. eine Datenbank) später ändern kann. Eine Aktivität beinhaltet die gesamte Kommunikation beider Partner in diesem Kontext.

Wenn vorhersehbar ist, daß einer der beiden Kommunikationspartner zur Verarbeitung der Daten, die ihm übermittelt wurden, eine gewisse Zeit benötigt, kann er diese Aktivität unterbrechen und so die Sitzungsverbindung für eine andere Aktivität freigeben. Nach Beendigung der neu gestarteten Aktivität kann dann mit der Fortführung der ersten begonnen werden.

Synchronisation Die Synchronisierungsmechanismen in der Sitzungsschicht besitzen im Gegensatz zur Transportschicht eine andere Funktion. Während die Transportschicht für die korrekte Übermittlung von Datenströmen zum Empfänger zuständig ist und diese dort gegen eine Bestätigung abliefert, ist die Synchronisation auf der Sitzungsschicht eine Abstraktionsebene höher angesiedelt. Die Daten der Transportschicht können beim Empfänger angekommen, jedoch nicht korrekt weiterverarbeitet worden sein. Hier greifen dann Schutzmechanismen ein, die z. B. eine Wiederholung von Teildatenströmen anfordern. Notwendig kann das beispielsweise sein, wenn auf der Empfängerseite Hardwareprobleme auftreten (evtl. fehlendes Papier auf einem Drucker oder unzureichender Speicherplatz auf einem Datenträger).

Punkte, ab denen eine Wiederholung der Datenübertragung möglich ist, heißen Synchronisationspunkte. Eine Applikation kann nun eine erneute Übertragung der Daten ab einem bestimmten Synchronisationspunkt, der beim Senden der Daten eingefügt wurde, anfordern. Das Einfügen der Synchronisationspunkte ist Aufgabe der Applikation – die Sicherungsschicht stellt nur die Dienste für die Übertragung dieser Punkte bereit.

Die Synchronisationspunkte teilen sich in Haupt- und Nebensynchronisationspunkte auf. Grundsätzlich kann nur bis zum letzten Hauptsynchronisationspunkt (*major sync point*) neu auf den Datenstrom synchronisiert werden – Daten, die vor dem letzten Hauptsynchronisationspunkt liegen, können nicht erneut übertragen werden. Zwischen diesen Hauptsynchronisationspunkten können sich mehrere Nebensynchronisationspunkte (*minor sync points*) befinden, die die Synchronisation auf einen bestimmten Abschnitt der Nachricht ermöglichen (Abb. 3.4). Die Hauptsynchronisationspunkte müssen – im Gegensatz zu den Nebensynchronisationspunkten – quittiert werden. Nach der Quittierung können die vorherigen verworfen werden und stehen somit nicht mehr für eine erneute Übertragung bereit.

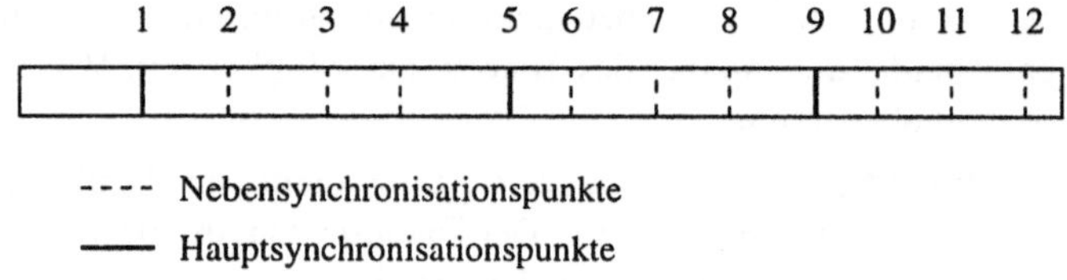

Abbildung 3.4. Aufteilung der Synchronisationspunkte in einer Nachricht

Ausnahmebehandlung Die Ausnahmebehandlung ermöglicht es einem Kommunikationspartner, den anderen auf Probleme hinzuweisen, obwohl er eigentlich zur Zeit nicht sendeberechtigt (nicht im Besitz des Sendetokens) ist. Ebenfalls ist es möglich, daß die Sitzungsschicht die Applikation auf besondere Zustände hinweist, die von der Sitzungsschicht nicht behebbar sind und so einen Eingriff des Applikationsprogramms erfordern.

Wenn eine Applikation eine Ausnahmenachricht an den anderen Kommunikationspartner sendet, ist die Behandlung dieses Ausnahmezustandes Aufgabe der Applikationen – die Sitzungsschicht stellt nur die Möglichkeit, solche Daten zu übertragen, bereit. So muß auf der Applikationsebene eine Ausnahmebehandlung vorgesehen werden, wenn auf Fehlerzustände bzw. Ausnahmen reagiert werden soll.

3.7 Schicht 6 – Präsentation (presentation layer)

Im Unterschied zu den unteren fünf Schichten, die mit der Übertragung von Bitströmen befaßt sind, ist die Aufgabe der Präsentationsschicht der systemübergreifende Transfer strukturierter Daten. Diese liegen je nach Rechnersystem und Applikation in unterschiedlichen Formaten vor; angefangen bei unterschiedlichen Zahlen- und

Zeichencodierungen bis hin zu komplexen Datenstrukturen, die von den Applikationen unterschiedlich definiert sein können.

Darunter fallen folgende Punkte:

- Konvertierung von Daten
- Spezifikation komplexer Datenstrukturen
- Verwaltung der Datenstrukturen
- Zugriff auf Funktionen der Sitzungsschicht.

Um eine Kommunikation zwischen unterschiedlichen Rechnersystemen zu ermöglichen, ist es notwendig, die Darstellung der Daten, die innerhalb der Rechnersysteme in der Regel unterschiedlich ist, zu konvertieren. So ist z. B. eine Umwandlung unterschiedlicher Zahlenformate und -längen, wie auch eine Konvertierung von Zeichenkodierungen vorzusehen.

Zeichen werden auf den meisten Rechnern im ASCII-Code dargestellt, während die IBM-Großrechnerwelt im EBCDIC-Code arbeitet. Um z. B. Datenbankabfragen auf einem Großrechner ablaufen zu lassen, müssen die Zeichendarstellungen umkodiert werden, um vernünftige Suchergebnisse zu erhalten.

Unterschiede zwischen Rechnersystemen existieren auch in der Zahlendarstellung. Die meisten Kleinrechner benutzen zur Darstellung einer Ganzzahl ein 32 bit-Wort im Zweierkomplement. Dagegen gibt es aber auch Rechnersysteme, die nur 16 Bits oder mehr als die 32 Bits für eine Ganzzahl verwenden und ebenso unterscheiden sich diese Rechnersysteme in der Darstellung der Zahl im Einerkomplement oder im Zweierkomplement. Auch die Reihenfolge der Bits in der Zahl ist von System zu System unterschiedlich. So ist in der Intel-Welt das niederwertigste Bit einer Zahl auch in der niedrigsten Speicheradresse des Wortes abgelegt, während bei Motorola-Prozessoren das höchstwertige Bit in der niedrigsten Speicheradresse steht.

Auch die Kodierung von Fließkommazahlen ist von System zu System unterschiedlich. Sie unterscheiden sich ebenso wie die Ganzzahlen in der Länge wie auch in der Ordnung der Bits, so daß hier ebenso eine Umwandlung der Formate notwendig ist.

Da die anfallenden Daten aus der Applikation in der Regel umgewandelt werden, kann im gleichen bzw. anschließenden Schritt auch eine Komprimierung und/oder Verschlüsselung dieser Daten erfolgen. Die Datenkomprimierung betrifft die Datenmenge, die transferiert werden muß und führt so zu Zeit- und Kostenersparnis bei der Übertragung, während die Verschlüsselung für den Datenschutz in öffentlichen Netzwerken, mit für den Anwender unbekanntem Übertragungswegen, interessant ist.

Um Elemente von komplexen Datenstrukturen besser verwalten und übertragen zu können, wurde für die Schicht 6 eine *abstrakte Syntaxnotation (ASN.1)* entworfen. Diese ermöglicht es, innerhalb der Präsentationsschicht abstrakte Datenstrukturen (z. B. für einen Kunden die Kundennummer, Firma, Namen und Anschrift) innerhalb einer einheitlichen Struktur für alle Kunden zu definieren und zu verwalten. Da die Kommunikation aller Rechner über diese ASN.1 [44, 11] läuft, benötigt jede Schicht 6 nur einen „Treiber" für diese Umwandlung, während bei Implementierung einer Kommunikation zwischen n Systemen mit unterschiedlichen Kodierungen n(n - 1) Treiber benötigt würden.

Die Dienstelemente, die Schicht 5 bereitstellt, wie z. B. die Übertragung von Ausnahmedaten und das Einfügen von Synchronisationspunkten, werden von Schicht 6 direkt an die Applikation weitergereicht. Somit hat die Anwendung die direkte Kontrolle über diese Merkmale.

3.8 Schicht 7 – Anwendung (application layer)

In der Anwendungsschicht laufen die Programme ab, die die Kommunikationsdienste nutzen möchten. Dabei kann es sich sowohl um Standardapplikationen mit einem einheitlichen Kommunikationsprotokoll handeln, die auf jedem Netzwerkrechner nützlich sind, als auch um kundenspezifische Programme, die auch nur über kundenspezifische Protokolle miteinander kommunizieren.

Allgemeine Anwendungen, die auf jedem Rechner im Netz wünschenswert sind, sind u. a. Dateitransfer, Fileserverdienste, Email und virtuelle Terminals. Für sie wurden von der ISO Dienstelemente genormt, so daß sich solche Anwendungen problemlos auf jedem Rechner implementieren lassen sollten. Der Entwicklungsaufwand für diese Applikationen ist aufgrund dieser genormten Protokolle begrenzt.

Andererseits laufen auf den Rechnern, die miteinander kommunizieren müssen, anwenderspezifische Programme ab, bei denen eine größere Standardisierung der Kommunikationsprotokolle nicht möglich oder notwendig ist. Diese Programme stellen dann ein eigenes Protokoll zur Verfügung, welches in der Lage ist, die auftretenden Applikationsdaten über die Netzwerke zu transportieren.

3.9 Gängige Implementationen bei Feldbussystemen

Bei Feldbussystemen und Zellenbussystemen ist es – wie bereits angedeutet – oftmals nicht notwendig, alle sieben Schichten zu implementieren. So sind z. B. bei Profibus und Interbus jeweils die Schichten 1, 2 und 7 implementiert und deren Kommunikationsmöglichkeiten genormt.

Offensichtlich ist es für ein standardisiertes Übertragungsverfahren bzw. -system notwendig, die verwendeten Pegel, Leitungen und Stecker zu normieren (Schicht 1).

Darüber hinaus ist es erforderlich, die Sicherungsschicht (Schicht 2) genau zu spezifizieren, da hier der Zugriff auf das Medium, die verwendeten Prüfverfahren und, was bei Feldbussystemen oft nicht notwendig ist, eine Flußkontrolle durchzuführen.

Der Rest der Funktionalität bei Feldbussystemen wird in der Anwendungsschicht implementiert, die Schichten 3 – 6 werden aufgrund von Performanceaspekten nicht verwendet. Dies führt bei der Kommunikation von Systemen unterschiedlicher Hersteller dann aber oft zu Problemen, die nur noch in der Anwendungsschicht mit einigem Aufwand behebbar sind.

Als Beispiel sei hier die Übertragung eines 12 bit Analogwertes von einem Sensor angeführt. Die Übertragung des Wertes geschieht in der Regel innerhalb eines 16 bit Wortes. Da die Präsentationsschicht (Schicht 6) nicht vorhanden ist, ist eine Umwandlung unterschiedlicher Zahlenformate nicht automatisch möglich. So existieren Systeme, bei denen das höchstwertige Bit am Anfang der Nachricht steht, der Rest mit Nullen aufgefüllt ist, während andere Systeme das genau umgekehrt, also mit führenden Nullen behandeln. Ebenso sind aufgrund der unterschiedlichen Mikrocontroller in den Steuerungen Datencodierung nach big-endian und little-endian vorhanden, so daß der Programmierer der eigentlichen Steuerungsapplikation erst eine Umcodierung der Daten vornehmen muß.

Sofern immer in einer „Welt“ gearbeitet wird, stellt dies keine Probleme dar, da sich die einzelnen Hersteller von Automatisierungsgeräten intern an ihre Konventionen halten, die sich eben nicht mit anderen Herstellern decken müssen.

So ist gerade bei großen Anlagen mit mehreren Teillieferanten besonders auf die Kommunikation der Teilsysteme untereinander zu achten.

4 Einordnung der Feldbussysteme

In diesem Kapitel soll eine grundlegende Beschreibung ausgewählter Bussysteme für die Automatisierungstechnik erfolgen. Alle hier aufgeführten Bussysteme haben bereits eine erhebliche Marktrelevanz erreicht und sind entweder schon genormt oder zum de-facto-Standard geworden.

Grundsätzlich sind bei Bussystemen zwei Arten zu unterscheiden: *Feldbussysteme* und *Zellenbussysteme*. Feldbussysteme werden direkt Feld, also zum Anschluß von Sensoren und Aktoren eingesetzt und *müssen* deterministisch arbeiten. Zellenbussysteme dagegen sind in der Informationspyramide eine Stufe höher angesetzt und dienen zur Vernetzung von Steuerungen untereinander und zur Ankopplung beispielsweise von Leitrechnern an den Produktionsbereich. Bei Zellenbussystemen entfällt meist die Forderung nach Determinismus.

4.1 Situation und Normung

Ausgehend von der Situation Ende der 80er Jahre hat sich die Lage auf dem Feldbusmarkt entspannt. Die meisten Feldbussysteme sind genormt oder befinden sich zur Zeit in der Normungsphase.

Hier behandelte Bussysteme, die in der Automatisierungstechnik Verwendung finden, sind:

Bussystem	*Norm*
Profibus FMS und DP	DIN 19245, EN 50170
Profibus PA	Geplant als Ergänzung zu EN 50170
Interbus, Interbus Loop	DIN 19258, EN 50254 in Vorbereitung (1999)
CAN	ISO 11898
LON	Normentwurf IEC 62026
AS-Interface	EN 50295, Normentwurf für IEC 62026
Ethernet	IEEE 802.3, ISO 8802/3

Fast alle unabhängigen Hersteller von Endgeräten der Automatisierungstechnik bieten ihre Komponenten mit Anschlüssen für mehrere Bussysteme an, so daß sich die Frage nach dem „richtigen" Feldbus auf die rein technische Seite (z. B. je nach verwendeter SPS oder speziellen Anforderungen an den Bus) reduziert. Ebenfalls relevant bei der Auswahl eines Feldbusses ist die Akzeptanz beim Kunden, der oft ein spezielles Feldbussystem vorschreibt.

Die im folgenden behandelten Bussysteme sollen einen Einblick in den aktuellen Stand der Technik geben. Dabei wurden bewußt Bussysteme mit geringerer Marktdurchdringung ausgespart, da diese meist auf eine geringe Akzeptanz – sowohl seitens der Hersteller von Automatisierungslösungen, als auch seitens der Kunden – stoßen (siehe S. 2).

Die Vorstellung der Bussysteme erfolgt strukturiert in den Rubriken:

- Absolut dezentrale Systeme
- Dezentrale, verteilte Konzepte
- Feldbus als Ersatz der Ein-/Ausgangskarten
- Zellenbus.

4.2 Absolut dezentrale Systeme

Die absolut dezentralen Feldbussysteme sind für die Verbindung von kleinen, „teilintelligenten" Sensoren vorgesehen. Für die Bussysteme sind komplette Chipsätze zur Anschaltung verfügbar, die eine kostengünstige und platzsparende Applikation ermöglichen. Die Bussysteme erfordern einen verhältnismäßig geringen Verkabelungsaufwand, die Versorgungsspannung für die Sensoren wird über das Buskabel mitgeliefert. Die Anschlußtechnik ist auf einfache, sehr kostengünstige Montage ausgelegt, idealerweise durch Aufstecken des Sensors/Aktors auf das Buskabel.

Durch die Verwendung des Busses sind digitale Ein-/Ausgabebaugruppen in der Steuerung nicht notwendig, sie werden durch eine Anschaltbaugruppe (Kommunikationsprozessor) ersetzt, der die Ein-/Ausgangszustände der Busteilnehmer in das Prozeßabbild der Steuerung überträgt. Ebenfalls überflüssig wird die Parallelverdrahtung, die bei konventioneller Verdrahtung notwendig ist (vgl. Kapitel 2.2.3), was eine geringere Fehleranfälligkeit und einen niedrigeren Serviceaufwand zur Folge hat.

Wünschenswert für absolut dezentrale Systeme sind unter anderem:

- Anschaltmöglichkeit für unterschiedliche Sensoren und Aktoren auch unterschiedlicher Hersteller
- Kleine Abmessungen der Anschaltelektronik
- Geringe Kosten der Anschaltung pro Teilnehmer
- Einfachste Installationstechnik
- Geringer Verkabelungsaufwand (Versorgungsspannung der Sensoren und Aktoren über den Bus)
- Kurze Reaktionszeiten
- Beliebige Bustopologie.

Im folgenden werden das Aktuator-Sensor-Interface und der Interbus Loop als absolut dezentrale Feldbussysteme beschrieben.

Beiden Systemen ist gemeinsam, daß sie vorallem für das „Einsammeln" von E/A-Informationen vorgesehen sind.

4.2.1 AS-Interface - Aktuator-Sensor-Interface

AS-Interface ist ein Master/Slave-System, wobei der Master in der Regel eine Anschaltbaugruppe in einer SPS oder einem Industrie-PC ist. Es existiert aber auch ein Übergang von Profibus DP nach AS-Interface (Repeater).

4.2.1.1 Bustopologie

Das Aktuator-Sensor-Interface unterstützt eine beliebige Bustopologie. Es sind Aufbauvarianten wie Linienstruktur, Sternstruktur und auch Mischungen daraus möglich (Abb. 4.1).

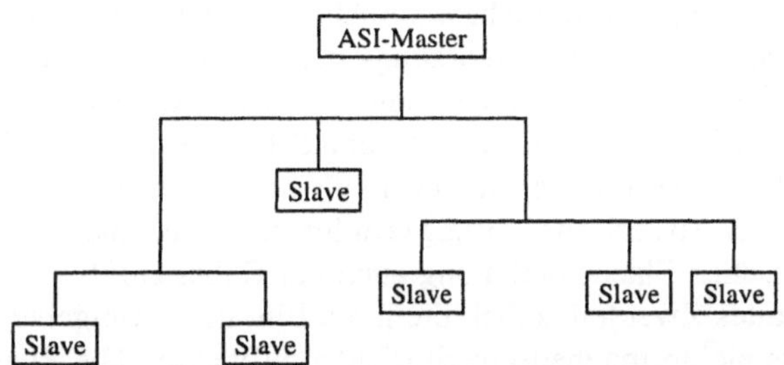

Abbildung 4.1. Beispiel einer möglichen Busstruktur von AS-Interface

Einschränkungen der Topologie sind die maximale Leitungslänge, die insgesamt 100 m betragen darf und die maximale Anzahl der Slaves, die 31 beträgt. Müssen größere Leitungslängen überbrückt werden, ist der Einsatz von Repeatern notwendig, die eine Abkopplung der Teilstränge vornehmen. Ein solcher Repeater verhält sich transparent zu den miteinander verbundenen AS-Interface-Strängen, er ist also auf der Seite des neu anzukoppelnden Stranges ein Master und auf der anderen Seite ein Slave. Eine Erhöhung der maximalen Slave-Zahl ist durch Repeater nicht möglich.

4.2.1.2 Elektrische Eigenschaften

Wie erwähnt, ist bei AS-Interface die Übertragung der Daten *und* der Versorgungsspannung über *ein* Kabel vorgesehen. Dadurch werden die Installationskosten für die Slaves niedrig gehalten. Dies stellt aber gewisse Anforderungen an die Verkabelung.

Für die Auswahl des AS-Interface-Kabels ist der Frequenzgang des Kabels im Nutzdatenbereich und der Gleichstromwiderstand (Versorgung der Slaves) entscheidend.

Als AS-Interface-Leitung wird in der Regel eine systemspezifische Flachbandleitung verwendet. Sie hat gegenüber den üblichen Feldbusleitungen (Twistet Pair, LWL, Koax-Kabel) mehrere Vorteile:

- Geringe Kosten
- Leicht zu verlegen, einfache Installation der Slaves
- Energieübertragung über diese Leitung möglich.

Bei einem maximalen Strom von 65 mA pro Teilnehmer und einer Teilnehmeranzahl von maximal 31 Slaves auf 100 m Leitungslänge gleichmäßig verteilt, ergibt sich ein minimaler Leitungsquerschnitt von 1,5 mm^2. Für größere Stromaufnahmen oder ungünstigere Verteilung der Slaves am Bus müssen größere Querschnitte gewählt werden, da der Spannungsbereich der Slaves mit 24V (+10/-15%) spezifiziert ist [26].

Eine separate, weitere Versorgungsspannungseinspeisung ist möglich und vorgesehen. Sie wird dann erforderlich, wenn Aktoren einen deutlich höheren Strombedarf aufweisen. Die separate Versorgungsspannung muß dann getrennt vom AS-Interface-Kabel geführt werden und wird in das Aktor-Modul direkt eingespeist.

An den Übertragungsfrequenzbereich der AS-Interface-Leitung im Bereich von 167 kHz (Basisbandübertragung) sind ebenfalls bestimmte Anforderungen gestellt, die die AS-Interface-spezifische Leitung erfüllen muß. Geeignet sind neben der AS-Interface-spezifischen Flachbandleitung auch ein Kabel H05VV-F 2x1,5 oder ein rundes, geschirmtes Zweidrahtkabel, die ihren Einsatz in Umgebungen findet, die besonders starke elektromagnetische Störfelder aufweisen. Die Rundleitungen haben allerdings den Nachteil, daß sie nicht so einfach zu installieren sind wie die Flachbandleitung. Detaillierte Informationen zum Übertragungsverhalten, den Leitungseigenschaften und den Übertragungsspektren werden in [26] geboten.

Da die Versorgungsspannung für die Slaves auf der gleichen Leitung wie die Daten geführt wird, ist beim AS-Interface-System eine besondere Modulationsart eingesetzt – es wird die APM (*alternierende Pulsmodulation*) verwendet.

Im AS-Interface-Netzteil befinden sich – einmalig im System – zwei Induktivitäten. Sie haben die Aufgabe, bei sich schnell ändernden Strömen eine Signalspannung auf die Grundversorgungsspannung aufzumodulieren, die die Information trägt. So ist im AS-Interface-Slave eine einfache Anschaltung an den Bus möglich, da im Slave lediglich eine schnelle Stromänderung realisiert werden muß. Die Dekodierung der so erzeugten Spannungsimpulse auf der AS-Interface-Leitung ist ebenfalls einfach durchzuführen, was die Baugröße der Module kompakt hält. Weitere Informationen zum Modulationsverfahren finden sich in [26].

4.2.1.3 Kommunikation

Die Kommunikation zwischen der AS-Interface-Anschaltbaugruppe und den Slaves läuft nach einem Master/Slave-Prinzip mit zyklischem Polling ab. Dabei sendet der Master für jeden Slave ein Datentelegramm (Masteraufruf), der entsprechende Slave sendet eine Slaveantwort zurück (Abb. 4.2).

Masteraufruf						Masterpause	Slaveantwort			
0	SB	A4..A0	I4..I0	PB	1		0	I3..I0	PB	1
ST					EB		ST			EB

ST	= Startbit
SB	= Steuerbit
A4..A0	= Adresse des Slaves
I4..I0	= Informationen von Master an Slave oder Slave an Master
PB	= Paritätsbit
EB	= Endebit

Abbildung 4.2. Aufbau einer AS-Interface-Nachricht nach [26]

Im Masteraufruf können sowohl E/A-Daten als auch Konfigurationsdaten für den Slave enthalten sein. Die Unterscheidung erfolgt über das Steuerbit (SB), welches für einen Daten-, Parameter- oder Adressaufruf 0, bei einem Kommandoaufruf 1 ist.

Sowohl für den Masteraufruf als auch bei der Slaveantwort wird ein Startbit (0) und ein Endebit (1) gesendet. Für das Paritätsbit wird sowohl im Masteraufruf als auch in der Slaveantwort gerade Parität verwendet, d. h. die Anzahl der 1-Bits im gesamten Wort muß gerade sein.

Mit dem Masteraufruf werden nun verschiedene Nachrichten zu den einzelnen Slaves gesandt.

Der häufigste Aufruf ist der *Datenaustausch*. Hierbei wird mit den Adressen ein Slave adressiert, welcher dann die Daten aus dem Masteraufruf entgegennimmt und intern abspeichert (bei Ausgängen), sowie seine eigenen Daten als Antwort an den Master abschickt (bei Eingängen). Nach einem Reset wird der Slave erst nach einem gültigen Parameteraufruf aktiv.

Der *Parameteraufruf* weist dem Slave definierte Parameter zu. Dies können z. B. Meßverfahren, Empfindlichkeit o. ä. sein. Erst nach einem gültigen Parameteraufruf wird der Slave auf den Datenaufruf reagieren.

Zum Rücksetzen des Slaves in einen definierten Zustand ist der Aufruf *Reset* vorhanden. Nach Empfang dieses Befehls versetzt sich der Slave in den gleichen Zustand wie nach dem Einschalten, es muß also danach ein Parameteraufruf erfolgen.

Die Adressvergabe für einen Slave geschieht mit dem *Adressieraufruf*. Mit ihm wird dem Slave mit der derzeitigen Adresse 0 eine neue Adresse zugewiesen. Um einen im Betrieb befindlichen Slave eine neue Adresse zuzuweisen, muß im Slave erst die aktuelle Adresse gelöscht werden (*Betriebsadresse löschen*). Er erhält danach die Adresse 0 und kann mit dem Adressieraufruf eine neue Betriebsadresse erhalten.

Mit dem Befehl *E/A-Konfiguration lesen* wird die aktuelle Konfiguration eines Slaves ausgelesen, die mit der Slaveantwort zum Master zurückgesendet wird. Eine Tabelle der möglichen E/A-Konfigurationen ist in [26] enthalten. Dort wird auch beschrieben, welche Möglichkeiten es gibt, analoge Signale von AS-Interface-Slaves einlesen zu lassen.

Um in Verbindung mit der E/A-Konfiguration eine eindeutige Identifikation der Slaves vornehmen zu können, ist der Befehl *ID-Code lesen* implementiert, der die bei der Herstellung in den Slave programmierte ID-Nummer als Antwort zurückgibt.

Schließlich kann noch mit dem Befehl *Status lesen* der aktuelle Zustand des Slaves erkannt werden. So ist eine Erkennung möglich, ob Kommunikationsfehler vorliegen (Paritäts- oder Endebitfehler), ob die Betriebsadresse gerade intern abgespeichert wird (nach dem Adressieraufruf) oder ob ein interner Lesefehler im Slave aufgetreten ist.

4.2.1.4 Elektromechanik und Endgeräte

Um eine problemlose Installation der AS-Interface-Slaves zu gewährleisten, ist ein einfacher und robuster Aufbau der Module notwendig. Bei Standard-Modulen sind in der Regel zwei getrennte Teile vorhanden – das Busankoppelmodul (Unterteil) und das eigentliche Sensor-Aktor-Modul (Oberteil, Anwendermodul) – welche eine definierte Schnittstelle zueinander aufweisen.

Alle Standard-Unterteile lassen sich auf DIN-Hutschienen aufschnappen. Die einzelnen Unterteile unterscheiden sich in der Art der Buskabelaufnahme – es existieren Unterteile für das AS-Interface-Flachbandkabel und für Rundkabel. Beide Unterteile genügen – montiert mit einem Oberteil – der Schutzart IP67, was einen Einsatz unter rauhen Umgebungsbedingungen zuläßt. Beim AS-Interface-Flachbandkabel wird die Dichtwirkung durch die spezielle trapezförmige Kabelform gewährleistet, beim Rundkabel ist eine PG11-Verschraubung vorgesehen.

Anwendermodule, die die Kommunikationselektronik für den AS-Interface-Betrieb beinhalten, existieren ebenfalls in mehreren Ausführungen. Allen Modulen gemeinsam ist die Möglichkeit, sie auf die oben beschriebenen Unterteile montieren zu können. Dabei bleibt die Schutzart IP67 bestehen. Allerdings müssen nicht benötigte Stecker im Anwendermodul dann mit einer Schutzkappe versehen werden.

Anwendermodule mit integrierter AS-Interface-Elektronik existieren für einen oder für vier Teilnehmer, die über einen M12-Schraubstecker kontaktiert werden können. Diese Teilnehmer sind entweder Sensoren oder Aktoren. Für Aktoren existieren Module, die eine seitliche Einspeisung von Hilfsenergie für größere Verbraucher ermöglichen.

AS-Interface-Module für den Anschluß externer, AS-Interface-fähiger Sensoren und Aktoren sind ebenfalls erhältlich – sie erlauben den Anschluß von vier AS-Interface-Teilnehmern an ein Anwendermodul, ebenfalls über die M12-Rundstecker.

Sofern die AS-Interface-Slaves intelligente Sensoren oder Aktoren sind, ist der mechanische Aufbau der Module nicht festgelegt und obliegt dem Hersteller. Hier finden sich unterschiedlichste Varianten und Baugruppen, z. B. Ventilinseln, die ebenfalls über einen M12-Rundstecker angeschlossen werden. Für das AS-Interface-Flachbandkabel sind Stecker erhältlich, die den Anschluß dieser Geräte direkt an das AS-Interface-Kabel ermöglichen.

Abschließend soll hier angemerkt werden, daß AS-Interface, aufgrund der Spezifikationen (Ausdehnung max. 100 m, 31 Slaves mit je max. vier Bit Informationen) in der untersten Ebene der Informationspyramide angesiedelt ist. Hier handelt es sich um ein System, dessen primärer Einsatz im „Einsammeln" von E/A-Informationen liegt. Die angeschlossenen Sensoren und Aktoren sind somit in Bereich einfacher Sensoren (wie Endschalter, Näherungssensoren usw.) und einfacher Aktoren (wie Schaltventile, Schützen zum Schalten großer Lasten usw.) einzuordnen.

Komplexe Geräte wie Frequenzumrichter oder spezielle Wegaufnehmer werden aufgrund der hohen Datenmenge zur Parametrierung bzw. hohen Datenmengen nicht mit AS-Interface ausgeführt.

4.2.2
Interbus Loop (Interbus-Installationslokalbus)

Interbus Loop ist eine spezielle Ankopplung absolut dezentraler Peripherie an Interbus Systeme. Durch den Interbus Loop wird ein Abzweig mittels einer speziellen Busklemme vom Interbus Fernbus (siehe Kapitel 4.4.1) vorgenommen.

4.2.2.1 Bustopologie und Übertragungsmedium und Kommunikation

Der Interbus Loop stellt – ausgehend von der Busklemme am Fernbus – einen klassischen Ring dar. Die Gesamtausdehnung des Rings darf maximal 100 m betragen, wobei bis zu 32 Teilnehmer an den Interbus Loop angeschlossen werden dürfen. Der Abstand zwischen zwei Teilnehmern am Interbus Loop ist mit maximal 10 m vorgegeben.

Um einen möglichst hohen Grad an Dezentralisierung zu erhalten, wird – ähnlich wie bei AS-Interface – die Versorgungsspannung von 24 V für die Teilnehmer auf dem Bus mitgeliefert; die Teilnehmer dürfen einen maximalen Strombedarf von jeweils 40 mA besitzen. Als Übertragungsmedium dient ein ungeschirmtes, verdrilltes, zweiadriges Rundkabel mit einem Leitungsquerschnitt von 1,5 mm^2.

Im Interbus Loop läuft das normale, in Kapitel 4.4.1 beschriebene, Interbus Protokoll mit 500 kbit/s ab. Die Adressierung der einzelnen Slaves geschieht nach der Reihenfolge, in der sie im Ring angeordnet sind.

Die Busklemme zur Ankopplung an den Fernbus hat somit folgende Aufgaben:

- Verbindung des Fernbusses mit dem Interbus Loop, wobei beim Fernbus alle Interbus Übertragungsmedien (Kabel, LWL) zugelassen sind
- Bereitstellung der Versorgungsspannung für die Slaves

- Modulation und Demodulation der Signale auf dem Interbus Loop. Die Signale müssen gleichzeitig mit der Versorgungsspannung übertragen werden; es wird eine gleichstromfreie Manchester-Kodierung vorgenommen.

4.2.2.2 Elektromechanik und Endgeräte

Ebenso wie bei AS-Interface wurde bei Interbus Loop auf eine einfache, kostengünstige Installationstechnik Wert gelegt. Die Verbindung der Slaves untereinander und mit dem Buskoppler wird durch eine ungeschirmte Zweidrahtrundleitung vorgenommen. Sie muß lediglich an den Enden abgemantelt und mittels eines schraub- und lötfreien Schneidklemmverbinders an das entsprechende Modul angeschlossen werden. Durch die angesetzte Verschraubung direkt am Steckverbinder wird der Schutzgrad IP65 erreicht, was den Einsatz direkt im Feld ohne weitere Montage in einem Schaltkasten ermöglicht.

Slaves für Interbus Loop sind in der Regel in der Schutzart IP67 ausgeführt. Die Sensoren und Aktoren werden – ebenso wie bei AS-Interface – mittels eines M12 Rundsteckers angeschlossen.

An Slaves stehen von Phoenix Contact unter anderem zur Verfügung:

- Digitale E/A, entweder 8 Eingänge, 8 Ausgänge oder 4 Ein- und 4 Ausgänge
- Analoge E/A, jeweils für Ströme und Spannungen und ein Modul zur Temperaturmessung
- Motorschalter für maximal 4 Motoren (500 V / 6 A)
- Pneumatikausgabemodul für 2 Ausgänge.

Mehrere andere Firmen bieten ebenfalls Slaves für Interbus Loop an, so daß sich ein breites Spektrum an verfügbaren Endgeräten ergibt.

Zusammenfassend sei hier, ebenso wie bei AS-Interface, angemerkt, daß Interbus Loop eine Verbindung vom klassischen Feldbus direkt in das Feld darstellt, d. h. , mit Interbus Loop werden E/A-Punkte direkt vor Ort angesprochen, was den Verkabelungsaufwand drastisch senkt. Der Anschluß von kleinen, intelligenten Sensoren und Aktoren (in der Regel binär) ist kostengünstig direkt an das Bussystem möglich.

4.3 Dezentrale, verteilte Konzepte

Gerade in der Anlagenautomatisierung steht man immer wieder vor dem Problem, großflächig verteilte Anlagen zu automatisieren. Hier wünscht man sich eine Lösung, die Teilaufgaben, die in unterschiedlichen Bereichen öfters vorkommen, modular und mit Eigenintelligenz versehen zu automatisieren. Dies senkt vor allem die Kosten für die Entwicklung der Software, die möglichst modular eingesetzt werden soll.

Im folgenden sollen Feldbussysteme angesprochen werden, die ein verteiltes und dezentrales Automatisierungskonzept, d. h. mit einer ausgelagerten Intelligenz, besonders gut unterstützen.

4.3.1
CAN – Controller Area Network

Der ursprüngliche Verwendungszweck von CAN ist der Einsatz in Kraftfahrzeugen, um die dort vorhandene intelligente Elektronik miteinander störsicher zu vernetzen. Mittlerweile hat CAN auch in die Automatisierungstechnik Einzug gehalten. Entwickelt wurde CAN von Bosch und Intel.

Bei CAN existieren mehrere Ausprägungen:

- CAN 1.0,
- CAN 2.0A und
- CAN 2.0B,

welche sich durch die Länge des Identifiers der Nachrichten unterscheiden. CAN 2.0 ist abwärtskompatibel zu CAN 1.0.

Zusätzlich sind:

- CANopen und
- DeviceNet (Allen Bradley)

als CAN-Derivate zu unterscheiden.

4.3.1.1 Buszugriff, Übertragungsmedium und Kommunikation

Im Rahmen der Feldbussysteme nimmt CAN einen besonderen Status ein. Bei der Kommunikation sind prinzipiell alle Teilnehmer gleichberechtigt; die Buszuteilung wird über ein modifiziertes CSMA/CD-Verfahren (*Carrier Sense Multiple Access with Collision Detection*) abgewickelt, bei dem die Kollisionserkennung durch eine Kollisionsvermeidung ersetzt wurde (CSMA/CA – *Carrier Sense Multiple Access with Collision Avoidance*).

Voraussetzung für dieses Übertragungsprotokoll ist ein physikalisches Übertragungsverfahren, welches dominante Pegel besitzt. Bei CAN ist dies der LOW-Pegel, welcher einen schon auf der Leitung vorhandenen HIGH-Pegel überschreibt.

CAN ist somit eines der wenigen Feldbussysteme, die einen direkten Zugriff *aller* Teilnehmer ohne Kontrollmechanismen einer zentralen Station erlauben *und* im Feldbereich eingesetzt werden kann (bedingt deterministisch).

Im Kollisionsfall senden zunächst beide Teilnehmer gleichzeitig ein Telegramm. Beide Teilnehmer überwachen den gesendeten Datenstrom und vergleichen diesen mit den „Wunschsendedaten“. Erkennt einer der beiden Teilnehmer, daß die Daten nicht mehr mit dem gesendeten Telegramm übereinstimmen, stoppt dieser sofort die Übertragung – der andere Teilnehmer darf weitersenden. Seine Übertragung ist somit von höherer Priorität.

Die Kommunikation geschieht – im Gegensatz zu den üblichen Feldbussystemen – über Objekte, die jeweils einen bestimmten Identifier haben. Bei CSMA/CA besitzt derjenige Teilnehmer das Sendevorrecht, der die Nachricht mit der niedrigsten Identität hat. Der Aufbau eines Datentelegramms ist in Abb. 4.3 dargestellt.

Das Telegramm beginnt mit einem Startbit (LOW), auf das sich die anderen Teilnehmer aufsynchronisieren. Anschließend folgt ein elf Bit langer Identifier

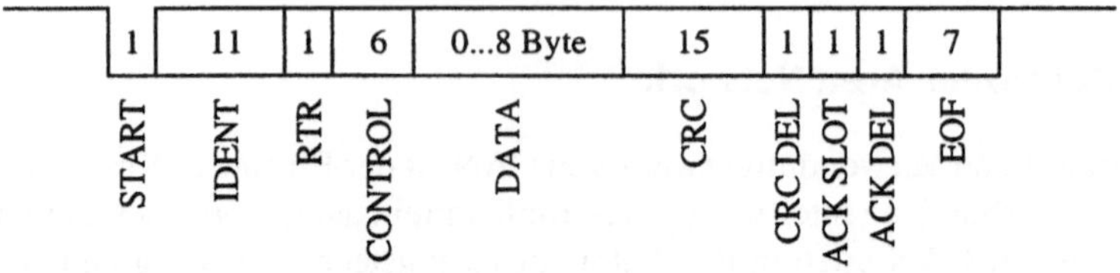

1	11	1	6	0...8 Byte	15	1	1	1	7
START	IDENT	RTR	CONTROL	DATA	CRC	CRC DEL	ACK SLOT	ACK DEL	EOF

Abbildung 4.3. Aufbau eines CAN-Datentelegramms

(IDENT), welcher das Datenobjekt beschreibt, das übermittelt wird. Hier setzt die Kollisionsvermeidung an. Das Objekt mit dem kleinsten Identifier enthält die meisten LOW-Pegel und hat somit das Übertragungsvorrecht.

Das RTR-Bit wird dann gesetzt (HIGH), wenn ein Teilnehmer ein bestimmtes Objekt anfordert, das er zur Weiterverarbeitung benötigt. Derjenige Teilnehmer, der dieses Datenobjekt zur Verfügung stellen kann, wird anschließend mit der Übertragung beginnen.

Anschließend an das RTR-Bit wird eine sechs Bit lange Kontrollsequenz übertragen. Diese teilt sich in zwei Bereiche auf:

Das erste Bit (IDE) ist für die Erweiterung des Identifiers vorgesehen. Wenn dieses Bit nicht LOW ist, folgen auf die CONTROL-Sequenz weitere 18 Bits des Identifiers (Extended CAN); wenn das Bit LOW (Standard CAN) ist, folgen anschließend die Daten. Das zweite Bit in der CONTROL-Sequenz ist reserviert, die letzten vier Bits geben die Länge des anschließenden Nutzdatenfeldes an.

Im Datenfeld können null bis acht Bytes Daten abgelegt werden, für deren Inhalt und Verarbeitung die einzelnen Teilnehmer selbst verantwortlich sind. Hierfür existiert kein Standard.

Das Datenwort wird mit einem CRC-Code gesichert, welcher eine Hammingdistanz von 6 erreicht. Hier wird der hohe, aus der Automobilindustrie stammende, Sicherheitsanspruch von CAN deutlich. Beendet wird die Prüfsumme durch den CRC-Delimiter, welcher stets HIGH sein muß.

Der Acknowledge-Slot wird vom Sender der Nachricht mit HIGH gesendet. Eine Empfangsbestätigung für das Telegramm liegt dann vor, wenn ein anderer Teilnehmer dominant ein LOW-Signal hier einfügt, d. h. den Pegel überschreibt. Die Acknowledge-Begrenzung (ACK DEL) muß stets wieder HIGH sein, ansonsten liegt ein Übertragungsfehler oder eine Busstörung vor.

Schließlich ist mit EOF das Ende des Datenrahmens erreicht. Alle Bits müssen HIGH sein.

Auf einem physikalischen Medium *können* beide Protokolle, also Standard CAN und Extended CAN gleichzeitig benutzt werden, es ist jedoch sicherzustellen, daß die angeschlossenen Teilnehmer das IDE-Bit aus der CONTROL-Sequenz auswerten (Geräte nach CAN 2.0B-Spezifikation) – Geräte, die diese Spezifikation nicht unterstützen, werden die Nachricht als fehlerhaft zurückweisen. Ausführlich wird CAN in [15] behandelt.

CANopen und DeviceNet unterscheiden sich durch eine unterschiedliche Implementation der Schicht 7, welche die unterstützen Kommunikationsobjekte definiert und verwaltet. Schicht 1 und Schicht 2 sind bei CANopen und DeviceNet identisch, was eine leichte Portierung einer bestehenden Hardware-Applikation auf das jeweils andere Protokoll erleichtert. DeviceNet benutzt im Gegensatz zu CANopen *nur* elf Bit lange Identifier.

Die Verwendung bzw. Einteilung des Identifiers ist prinzipiell willkürlich. Mit Hilfe des Identifiers können z. B. logische Geräteadressen vergeben werden, wie dies beim DeviceNet Protokoll geschieht (6 bit) – somit erhält man maximal 64 Teilnehmer. Hiermit kann eine logische Master/Slave-Struktur aufgebaut werden. Die restlichen Bits des Identifiers werden zur Kennzeichnung des Nachrichtentyps verwendet. Weitere Informationen zu DeviceNet befinden sich bei `http://www.industry.net/ODVA` und in [28].

4.3.1.2 Endgeräte

CAN Endgeräte sind meist kundenspezifische Applikationen. Da eine Vielzahl von Mikrocontrollern auf dem Markt sind, die bereits in Hardware das CAN-Protokoll unterstützen, lassen sich sehr leicht spezielle Endgeräte mit der gewünschten Funktionalität aufbauen.

Neben diesen kundenspezifischen Geräten existieren von einigen Herstellern modulare, dezentrale E/A-Systeme, mit denen sich sowohl digitale E/A, analoge E/A als auch Spezialmodule frei miteinander an einem CAN-Modul kombinieren lassen. Ebenso sind frei programmierbare Module mit Eigenintelligenz verfügbar, die eine Vorverarbeitung der eingelesenen Daten ermöglichen.

Beispielhaft soll hier kurz ein modulares, dezentrales E/A-System vorgestellt werden.

Weidmüller Busklemmensystem WINbloc Das Weidmüller-Konzept WINbloc (Abb. 4.4) verfügt über verschiedene Busanschaltungen, die als Kopfstationen gesetzt werden. Im Anschluß an diese Kopfstation wird das Weidmüller-Protokoll zwischen den verschiedenen Modulen gefahren.

Weidmüller bietet Anschaltungen zu den Bussystemen Profibus DP, Interbus, DeviceNet und CANopen an.

Eine intelligente Klemme wird für CAN angeboten und heißt DIAcan. Die Programmierung erfolgt mit IEC1131-3-Programmiertools, z. B. dem DIApro/CAN, auf einem PC oder Notebook. Das Programm wird über den CANopen-Bus in die Module geladen. Mit dem WINbloc-Basisklemmenblock bietet das DIAcan den Anschluß für 2, 3 oder 4-Leiter-Signale an. In der Grundausstattung können 24 digitale Eingänge und 8 digitale Ausgänge bearbeitet werden.

Die Granularität ist bei WINbloc nur bedingt gegeben, es existieren Module mit 4, 8 und 16 E/A-Punkten. Vorteilhaft erweist sich die Abziehbarkeit des Elektronikmoduls, ohne die Klemmen lösen zu müssen. Der Kabelanschluß wird über Federklemmen realisiert. Die Beschriftung ist auf dem Elektronikmodul vorgesehen.

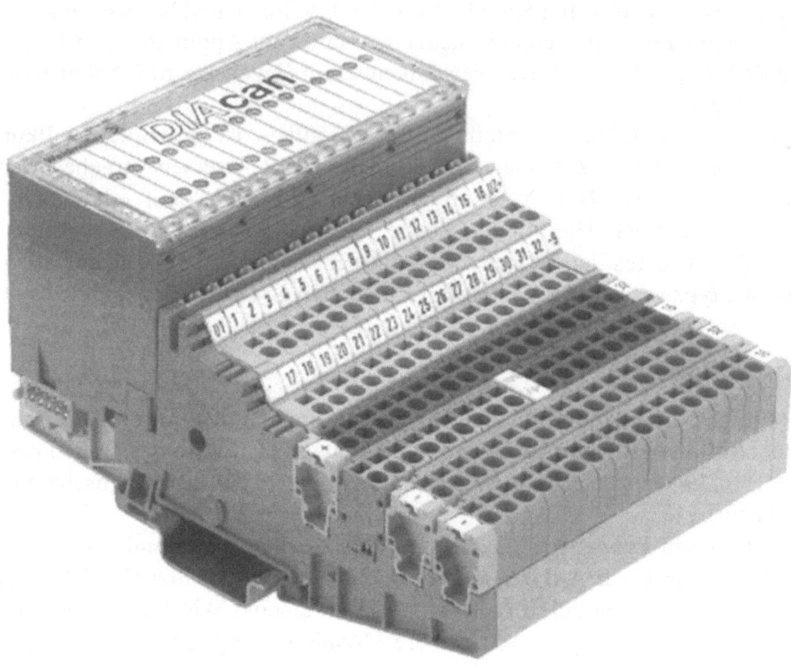

Abbildung 4.4. WINbloc – dezentrale E/A von Weidmüller – Bild mit freundlicher Genehmigung der Firma Weidmüller

4.3.2 Beckhoff II/O – Lightbus

Beckhoff bietet PC-basierte Automatisierungslösungen mit dezentralen Ein-/Ausgabemodulen an. Die dezentralen Ein-/Ausgabemodule bestehen aus einer Feldbusanschaltung (Buskoppler), welcher für übliche Feldbussysteme erhältlich ist, und einer Reihe von Ein-/Ausgabemodulen (Busklemmen), die nahezu beliebig kombiniert werden können. Die spezielle Feldbuslösung von Beckhoff ist der Lightbus. Für ihn existieren auch vorgefertigte, nicht modulare E/A-Module mit verschiedensten Funktionen wie analoge und digitale E/A, Inkrementalencoder und auch Frequenzumrichter.

4.3.2.1 Übertragungsmedium und Bustopologie

Als physikalisches Medium für Beckhoff II/O-Lightbus wird ein Lichtwellenleiter – in der Regel aus Kunststoff – verwendet. Der Einsatz von Lichtwellenleitern ist besonders vorteilhaft in Anlagen, bei denen mit starker EMV-Problematik gerechnet werden muß – hier sind Störungen der Kommunikation auf dem Feldbus auszuschließen. Außerdem ist – systembedingt durch den Einsatz von Lichtwellenleitern

– eine komplette Potentialtrennung der einzelnen dezentralen E/A-Geräte möglich. Zusätzlich ist ein Buskoppler mit RS422-Schnittstelle für Beckhoff II/O verfügbar.

Der Beckhoff II/O-Lightbus arbeitet mit einer Übertragungsrate von 2,5 Mbit/s – unabhängig von der Länge der Feldbusverbindung, da sich – im Gegensatz zur Kupferverdrahtung – bei Lichtwellenleitern die Leitungseigenschaften nicht negativ auf die maximale Datenrate auswirken. Mit PCS-Lichtwellenleitern lassen sich so bis zu 900 m zwischen zwei dezentralen Geräten überbrücken, mit PMMA-Fasern nur 45 m (höhere optische Dämpfung der Faser). Die Bestückung der Lichtwellenleiter mit Steckern ist auch ohne Spezialwerkzeuge möglich, was den Montageaufwand senkt.

Die Netzwerktopologie ist ein Ring; es können bis zu 255 Teilnehmer an diesen Ring angeschlossen werden. Die maximale Anzahl der E/A-Module pro Teilnehmer beträgt 64, die Gesamtzahl der über den Bus ansprechbaren E/A-Punkte beträgt 8160.

4.3.2.2 Feldbusanschaltung und Kommunikation

Die Feldbusanschaltung besteht aus einer PC-Einsteckkarte, die von einer IEC 1131-konformen Soft-SPS (Beckhoff TwinCAT, Betrieb unter Windows NT) gesteuert wird – ebenfalls erhältlich ist eine Anschaltung für Simatic-S5 Steuerungen.

Auf dem Feldbusstrang existieren acht deterministische Kommunikationskanäle, die mit unterschiedlicher Priorität und Geschwindigkeit betrieben werden können. So lassen sich z. B. in einem Kanal hoher Geschwindigkeit und Priorität wichtige E/A-Informationen übertragen, die z. B. zur Steuerung von CNC-Achsen, schnelle Regelungen usw. benötigt werden. In einem anderen Kanal auf dem selben Medium können Informationen mit weniger hohen Echtzeitanforderungen ausgetauscht werden.

So sind schnelle und langsame Vorgänge gleichermaßen effektiv steuer- und regelbar. Hierbei kommt es natürlich besonders auf die zweckmäßige Aufteilung der einzelnen Buskoppler und Module an.

Aufgrund der Vergabe von Prioritäten für einzelne Kommunikationskanäle ist Beckhoff II/O – unabhängig von der Anzahl der Teilnehmer – das schnellste Bussystem (zykluszeitbezogen), wenn es darum geht, wenige E/A-Informationen ausgewählter Teilnehmer separat mit hoher Geschwindigkeit deterministisch zu übertragen.

Für die Kommunikation mit den einzelnen Feldbusknoten stehen die in Tabelle 4.1 aufgeführten Dienste bereit.

4.3.2.3 Koppler, E/A-Module und mechanischer Aufbau

Für das Beckhoff-System steht eine Vielzahl unterschiedlicher Ein-/Ausgangsmodule und Feldbusanschaltungen zur Verfügung. Neben der Anschaltung für Beckhoff II/O-Lightbus existieren Module für Profibus DP und FMS, Interbus, CAN, DeviceNet und LON. Einige dieser Module sind auch mit einer gewissen Eigenintelligenz erhältlich, die z. B. zur Vorverarbeitung von Daten verwendet werden kann (Klein-SPS).

READ	Das angesprochene Modul wird hiermit aufgefordert, die Eingangsinformationen in den Telegrammrahmen einzublenden (E/A-Zustände).
READ/WRITE	Die im Telegramm bereitgestellten E/A-Informationen für die Ausgänge werden vom adressierten Modul übernommen und die Eingangszustände in den Telegrammrahmen geschrieben.
ADDRESS INIT	Mit diesem Befehl wird einem Modul eine neue logische Adresse zugewiesen.
ADDRESS CHECK & COUNT	Dieser Dienst zählt die im Feldbus vorhandenen Module und ermittelt ihre physikalischen Adressen.
LOW INTENSITY	Mittels diesem Dienst kann ein Teilstreckentest der Kommunikationsverbindung durchgeführt werden. Das angesprochene Modul verringert die optische Sendeleistung um 20%. Somit können Verkabelungsprobleme erkannt werden.
RAM/STREAM	Der Dienst dient zur Prozeß- und Parameterkommunikation mit intelligenten Peripheriegeräten (z. B. Frequenzumrichter) über Kommunikationskanäle.
BROADCAST	Zur Synchronisation von Ein-/Ausgängen auf Modulen wird dieser Dienst eingesetzt.

Tabelle 4.1. Kommunikationsdienste bei Beckhoff II/O [5]

In Abb. 4.5 ist ein Beispielaufbau des Beckhoff-Systems dargestellt.

Auf der linken Seite des Moduls ist der Buskoppler angebracht, die Busklemmen-E/A-Module werden nach Bedarf an den Buskoppler angesteckt. Neben dieser modularen und hochgranularen Lösung existieren noch Endgeräte, die speziell für Lightbus entwickelt wurden und dezentrale E/A-Lösungen niedriger Granularität bieten, z. B. :

- Digitale Ein-/Ausgänge
- Analoge Ein-/Ausgänge
- Inkrementalgeber
- AS-Interface-Master für Einbindung in den Lightbus
- Frequenzumrichter
- Servomotorregler
- Bediengeräte (Schalter und Leuchten).

Die Hauptanwendung des Beckhoff-Systems wird aber in den meisten Fällen in der Verwendung der Busklemmentechnik liegen. Diese ermöglicht, wie in Abb. 4.5 gezeigt, einen flexiblen, modularen Aufbau von dezentralen E/A-Systemen mit kundenspezifischen Ein-/Ausgangskonfigurationen.

Die Granularität ist bei zwei für alle Arten von Ein- und Ausgängen. Der Elektronikteil ist nicht getrennt abziehbar. Bei Ausfall einer Baugruppe muß diese komplett herausgezogen, dazu muß zunächst die Klemme entriegelt werden (durch den Entriegelungs-Schieber) und etwas Platz zwischen den benachbarten Baugruppen geschaffen werden, um ein problemloses Herausziehen zu gewährleisten.

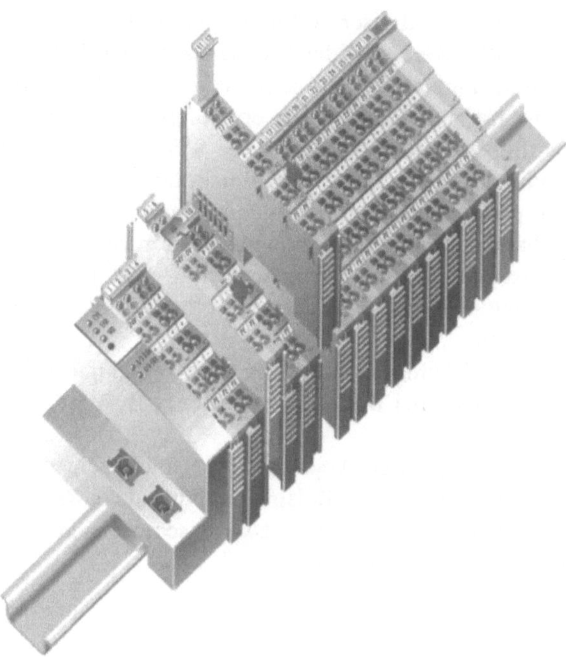

Abbildung 4.5. Prinzipieller Aufbau der Beckhoff Busklemmentechnik – Bild mit freundlicher Genehmigung der Firma Beckhoff

Unter den erhältlichen Busklemmen sind z. B. :

- Digitale Ein-/Ausgänge für Spannungen von 5V – 230V, auch potentialfrei
- Analoge Ein-/Ausgänge (Spannung oder Strom)
- Zähler und PWM-Module
- SSI-Geber-Interfaces
- Analoge Eingänge für PT100 bzw. Thermoelemente
- Schnittstellen für RS232C, RS485 und eine serielle 20mA-Schnittstelle
- Verschiedene Systemklemmen zur Potentialeinspeisung bzw. -trennung.

Die Busklemmen-Module sind nur in Schutzart IP20 ausgeführt und für einen Temperaturbereich von 0. . . 55°C spezifiziert, was einen Einsatz direkt am zu automatisierenden Prozeß erschwert. In der Regel können diese Umgebungsbedingungen im Anlagenbau nicht ohne zusätzliche Maßnahmen eingehalten werden (Temperatur/Feuchte) – ein Schaltschrank/-kasten ist erforderlich, der evtl. räumlich von der Anlage getrennt aufgestellt werden muß. Im Maschinenbau stellt sich diese Situation positiver dar.

Die Busklemmen-Module werden auf Standard-DIN-Hutschienen aufgeschnappt und sind somit ohne weitere Werkzeuge montierbar – die Verkabelung der Sensoren ist mittels schraubloser Verbindung (Cage Clamp) einfach und kostengünstig möglich (direktes Klemmen des Kabels ohne Adernhülsen).

Die Federklemmtechnik scheint allmählich die Schraubklemme abzulösen. Bei der Schraubklemme ergibt sich der Vorteil eines definierten Anzugs, aber auch der Nachteil des Überdrehens und Ausarbeiten des Schraubenkopfes. Die Federklemme hat in der Praxis des Anlagenbaus noch nicht ausreichende Akzeptanz, da sie aufgrund des Federprinzips ausleiern könnte und damit der Kontakt nicht mehr gewährleistet wäre. Da das Beckhoff-Klemmensystem in Zusammenarbeit mit Wago entwickelt wurde, ist besonders auf dem Bereich der Klemmentechnik ein großes Know-how vorhanden – Wago bietet das Federklemmensystem auch für Einzelklemmen erfolgreich an.

Die Verbindung der Klemmen untereinander erfolgt durch Kontaktstifte. Hinter dem Buskoppler wird auch bei Beckhoff ein eigenes Busprotokoll namens K-Bus gefahren.

Die in Abb. 4.6 vorliegenden Applikationsbeispiele zeigen die verschiedenen Kombinationsmöglichkeiten an vier Beispielen. Für eine einfache Anwendung mit digitalen Ein-/Ausgängen eine 3-Achsen NC-Maschine, eine Spritzgußmaschine, eine Anwendung der Verfahrenstechnik.

4.3.3 LON - Local Operating Network

LON (Local Operating Network) wurde von der Firma Echelon entwickelt und hat sich mittlerweile im Bereich der Gebäudeautomatisierung als verteiltes, dezentrales Kommunikationssystem etabliert und ist als IEC 62026-Normentwurf eingereicht. Besonders hervorzuheben bei diesem Bussystem ist die Verfügbarkeit des kompletten Kommunikationssystems in Hardware, also von Schicht 1 bis Schicht 7.

4.3.3.1 Bustopologie und Übertragungsmedium

LON zeichnet sich durch eine nahezu frei wählbare Bustopologie (Baum, Linie, Stern) aus. Gerade im Bereich der Gebäudeautomatisierung bietet dies enorme Vorteile gegenüber den klassischen Feldbussystemen.

Als physikalischen Medium zur Datenübertragung stehen mehrere Möglichkeiten zur Verfügung. So ist eine verdrillte Zweidrahtleitung (RS485-Ankopplung) ebenso wie Lichtwellenleiter, normale Wechselstromleitungen, Infrarot und auch Funk zur Übertragung von Daten einsetzbar [27]. Die maximale Ausdehnung eines LON-Netzwerks beträgt bei Verwendung einer Wechselstromleitung über 6 km.

Als Zugriffsverfahren auf den Bus wird ein modifiziertes CSMA/CD Verfahren verwendet. Durch Berechnung von Zeitscheiben zwischen den einzelnen Paketen wird eine Reduktion von Paketkollisionen erreicht [27].

LON arbeitet mit einer maximalen Übertragungsrate von 4,8 kbit/s bis 1,25 Mbit/s, wobei die maximale Datenübertragungsrate nur auf kurzen Strecken bis zu 30 m möglich ist.

Die Ankopplung an den Bus wird in der Regel durch einen speziellen Chip (Neuron-Chip) vorgenommen, der alle Kommunikationsfunktionen in sich vereint.

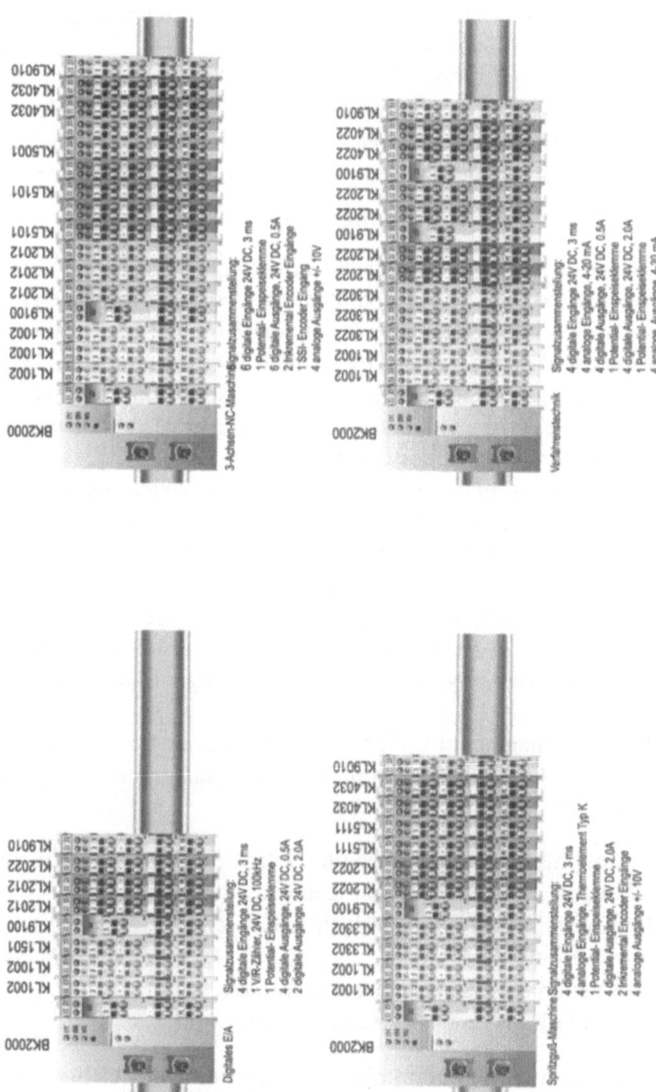

Abbildung 4.6. Applikationsbeispiele mit Beckhoff Busklemmen – Bild mit freundlicher Genehmigung der Firma Beckhoff

Auf diesem Neuron-Chip sind drei CPUs vereinigt; zwei übernehmen die eigentliche Kommunikaitonsausgabe und der dritte steht für dezentrale Intelligenz (Steuerungsaufgaben bzw. Vorverarbeitung von Daten) zur Verfügung. Detaillierte Informationen über die Leistungsfähigkeit von Neuron-Chips (z. B. von Motorola) sind in [32] enthalten; hier finden sich auch Applikationshinweise für spezielle Problemstellungen (inkl. Programmbeispielen).

Um Verbindungen zweier physikalisch getrennter LON-Stränge vornehmen zu können, ist der Einsatz von Routern vorgesehen. Sie besitzen zwei Neuron-Chips (je einen für jedes Bussegment) und eine CPU, welche die Verwaltungsaufgaben zur Kommunikation zwischen den beiden Netzwerksträngen vornimmt.

4.3.3.2 Adressierung und Kommunikation

Ein LON-Netzwerk unterstützt bis zu 32385 Teilnehmer, die sich auf maximal 255 Subnetze mit jeweils maximal 127 Endknoten verteilen. Die logische Adresse eines bestimmten Knotens besteht aus drei Teilen: der Domain, zu welcher er gehört, der Subnetznummer und der Knoten-ID innerhalb dieses Subnetzes. Mittels dieser Adressierungsform lassen sich leicht logische und physikalische Gruppen zur Strukturierung des Netzes aufbauen, die auch als solche angesprochen werden können (z. B. Broadcast-Messages für bestimmte Subnetze).

Bei Netzen mit großer räumlicher Ausdehnung bzw. vielen Knoten, erleichtert die Einteilung in Subnetze die Datenübertragung, weil Router den Netzwerkverkehr auf bestimmte Teilnetze beschränken können und somit die Gesamtnetzlast sinkt.

Jeder Neuron-Chip besitzt eine physikalische Adresse. Sie wird nicht für die eigentliche Kommunikation verwendet, sondern nur zur Vergabe der logischen Adressen benötigt. Die logischen Adressen werden bei der Inbetriebnahme dem jeweiligen Endgerät mit definierter physikalischer Adresse zugeordnet und im Neuron-Chip abgelegt.

Für das Netzwerkmanagement stellt LON nachfolgende Dienste bereit, welche in der Regel durch den LONBUILDER (ein Netzwerkmanagement-Programm) aufgerufen werden [12]:

- Auffinden von unkonfigurierten Knoten und Setzen der Netzwerkadresse
- Starten, Beenden und Zurücksetzen von Knotenapplikationen
- Zugriff auf die Kommunikationsstatistik eines Knotens
- Konfiguration von Routern
- Einspielen einer neuen Applikation in einen Knoten
- Analyse der Netztopologie eines bestehenden Netzwerkes.

Zur eigentlichen Kommunikation stehen bestätigte und unbestätigte Dienste bereit. Bei den bestätigten Diensten unterscheidet man die Bestätigung des reinen Empfangs der Nachricht und eine Request/Response Verbindung. Bei letzterer werden vom Empfänger der Nachricht wiederum Daten zum ursprünglichen Sender geschickt (z. B. Abfrage von Daten).

Empfänger von Nachrichten kann sowohl ein einzelner Knoten als auch eine Gruppe von Knoten sein, die jeweils individuell antworten müssen.

Bei den unbestätigten Nachrichten sind ebenfalls zwei Typen zu unterscheiden. Zum einen gibt es unbestätigte Nachrichten, die öfters nacheinander wiederholt werden, um allein durch „Masse“ eine korrekte Übertragung zu gewährleisten, zum anderen eine einzelne unbestätigte Nachricht. Unbestätigte Nachrichten werden hauptsächlich für Informationen mit geringen Anforderungen an die Übertragungssicherheit eingesetzt. Die wiederholte unbestätigte Nachricht ist vor allem für Fälle gedacht, bei der eine Bestätigung der Nachricht von jedem angesprochenen Knoten das Netz überlasten würde.

Zur Sicherstellung der korrekten Übertragung von Daten wird ein CRC-Prüfsummenverfahren mit 16 bit Prüfsumme verwendet. Das LON-Protokoll erreicht so eine Hammingdistanz (HD) von 4.

Zur Abschätzung des Datendurchsatzes auf einem LON Netzwerk sei auf Tabelle 4.2 verwiesen.

Bitrate kbit/s	Pakete/s
4,9	5
9,8	10
19,5	20
39,1	40
78,1	80
156,3	160
312,5	270
625,0	470
1250,0	560

Tabelle 4.2. Datendurchsatz bei LON mit 64 byte Paketen [12]

4.3.3.3 Endgeräte

Endgeräte für LON sind hauptsächlich im Bereich der Gebäudeautomation vorhanden. Gerade hier zeigt LON deutliche Vorteile gegenüber den anderen Feldbussystemen, die meist eine spezielle Netztopologie aufweisen müssen bzw. eine zu beschränkte Gesamtausdehnung aufweisen.

Die Produktpalette der Endgeräte für LON reicht von einfachen Steuerungsanwendungen (Licht, Jalousie) über automatische Klimatisierung von Räumen bis zur Sicherheits- und Alarmtechnik. Es existieren LON Lösungen, die einen kompletten Netzwerkübergang z. B. in Telekommunikationsnetze ermöglichen und hiermit Alarmmeldungen an entsprechendes Sicherheits- und Wartungspersonal bereitstellen.

Für Entwicklungen eigenständiger LON Produkte ist ein Lizenzabkommen mit der Firma Echelon notwendig. Über Echelon kann eine komplette Entwicklungsumgebung zur Netzkonfiguration und Knotenprogrammierung bezogen werden. Nähere Informationen hierzu, sind unter `http://www.echelon.com` zu finden.

4.4
Feldbus als Ersatz der Ein-/Ausgangskarten

Ausgehend vom Gedanken, einen geringeren Verkabelungsaufwand bei der Installation von Peripheriekomponenten zu erreichen (siehe Abb. 2.4), werden Feldbusse vorgestellt, die diese Anforderungen unterstützen. Die beiden hier genannten Feldbussysteme (Interbus und Profibus DP) sind aus der Anforderung hervorgegangen, bei der Installation von E/A-Peripherie näher an den Prozeß zu kommen. Die Ein-/Ausgangskarten der Steuerungen werden durch E/A-Module ersetzt, die die gewünschte Ein-/Ausgangsfunktionalität bieten.

4.4.1
Interbus

Interbus, das Feldbussystem von Phoenix Contact, ist seit 1987 verfügbar und wurde 1994 in DIN 19258 genormt. Anfang 1999 soll die Normung auf europäischer Ebene durchgesetzt sein (EN 50254). Die Systemeinführung erfolgte als erstes SPS-Hersteller-unabhängiges System und besitzt eine hohe Marktdurchdringung in Europa.

4.4.1.1 Bustopologie und Übertragungsmedium

Die Bustopologie des Interbus ist ein aktiver Ring. Im Gegensatz zur klassischen Ringstruktur, bei der vom „letzten" Teilnehmer des Rings eine Leitung zum Anfang des Rings verlegt werden muß, ist im Interbus die Schließung des Ringes durch Verwendung mehrerer Adern im Anschlußkabel vorgesehen (Abb. 4.7), so daß der Ring automatisch bei Anschluß eines Teilnehmers aufgebaut wird.

Bei der Bustopologie ist zwischen dem *Fernbus* und dem *Lokalbus* zu unterscheiden. Der Fernbus verbindet aktive Busteilnehmer (max. 512), die einen Abstand von bis zu 400 m untereinander haben dürfen. Die Datenübertragungsrate im Fernbus beträgt 500 kbit/s. In diesen Busteilnehmern wird eine aktive Signalregenerierung durchgeführt, um eine größere Ausdehnung des Netzwerkes zu erreichen. Zusätzlich ist aufgrund der aktiven Buskoppler das Abtrennen des nachfolgenden Bussegmentes möglich (z. B. zur Diagnose bzw. Wartung), die Kommunikationsmöglichkeit zu den folgenden Stationen geht hierbei natürlich verloren.

Der Lokalbus startet an einem speziellen Busteilnehmer, einem Buskoppler. In diesem Buskoppler wird eine Schnittstelle für den Lokalbus bereitgestellt. An den Lokalbus lassen sich maximal acht Teilnehmer mit einer Gesamtausdehnung von 10 m anschließen, wobei die Entfernung der einzelnen Teilnehmer 1,5 m nicht überschreiten darf. Der Lokalbus arbeitet mit einer Übertragungsgeschwindigkeit von 300 kbit/s, der Buskoppler stellt die Versorgungsspannungen für die Lokalbusteilnehmer bereit.

Neben diesem Lokalbus kann an einem speziellen Buskoppler ein zusätzlicher, mit wenig Verkabelungsaufwand installierbarer, Interbus Loop aufgebaut werden. Dieser ist in Kapitel 4.2.2 behandelt worden.

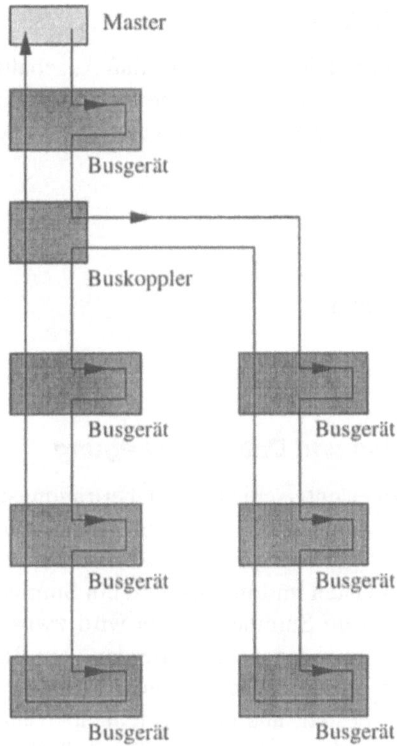

Abbildung 4.7. Busstruktur bei Interbus nach [35]

An speziellen Buskopplern kann auch ein weiteres Fernbus-Segment angeschlossen werden. Dadurch wird – trotz der prinzipiellen Ringstruktur des Interbus – eine baumförmige Ausdehnung ermöglicht.

Als Übertragungsmedium wird typischerweise ein geschirmtes Rundkabel mit zwei Adernpaaren verwendet (Hin- und Rückleitung für den Ring). Als Steckverbinder wird ein 9-poliger Sub-D-Stecker eingesetzt. Die Pegel sind nach dem RS485-Standard definiert (Differenzsignale). Neben dem klassischen Kupferkabel ist auch die Verwendung von Lichtwellenleitern vorgesehen, wodurch sich die maximale Ausdehnung des Interbus-Netzwerks vergrößert (keine Signalverfälschung durch Leitungseigenschaften), und die Störsicherheit in Anlagenteilen mit hoher EMV-Problematik erhöht.

4.4.1.2 Feldbusanschaltung

Das hervorragende Merkmal des Interbus ist, daß Anschaltbaugruppen für nahezu alle marktüblichen SPS, NC und Prozeßrechner verfügbar sind.

So sind von Phoenix Contact Anschaltungen für folgende Systeme zu erhalten (Auswahl):

- PC, Industrie-PC
- Allen-Bradley PLC5
- Bosch Steuerungen
- AEG-Schneider Automation
- Mitsubishi Steuerungen
- Siemens S5 und S7-Steuerungen
- VME-Systeme.

4.4.1.3 Kommunikation und Datenübertragung

Prinzipiell existieren zwei unterschiedliche Übertragungszyklen: der *Identzyklus* und der *Nutzdatenzyklus*, welche beide nach dem gleichen Übertragungsschema ablaufen.

Zur Übertragung von Daten im Interbus wird ein Summenrahmenprotokoll verwendet (Abb. 4.8). In diesem Summenrahmen wird zwischen *Ausgabedaten* und *Eingabedaten* unterschieden. Ausgabedaten werden vom Busmaster gesendet, Eingabedaten von den angeschlossenen Busgeräten.

Der Summenrahmen besteht aus einer Aneinanderreihung von Datenpaketen gleicher Länge (13 bit), in denen die Daten für die Teilnehmer und Typinformationen stehen (detaillierte Informationen enthält [35]).

Für jeden Zyklus sendet der Master einen Datenrahmen aus seinem Sendeschieberegister mit den aktuellen Daten für die angeschlossenen Endgeräte. Diese entnehmen dem Gesamtdatenrahmen die für sie bestimmten Informationen und fügen an gleicher Stelle ihre eigenen Informationen in den Datenrahmen ein. Durch die Übertragung im Ring kann somit der Master in einem Zyklus Ausgabedaten an die Endgeräte senden und aktuelle Eingabedaten empfangen. Diese werden im Empfangsschieberegister abgelegt.

Die Ausgabedaten für die Endgeräte werden separat für jedes Endgerät mit Prüfsummen (CRC) versehen, ebenso verfahren die Endgeräte bei der Bereitstellung der Daten für den Master. Es wird eine Hammingdistanz von HD=4 erreicht. Die maximale Zykluszeit berechnet sich aus der Anzahl der Busteilnehmer als feste Zeit. Der Interbus ist damit als deterministisch zu bezeichnen.

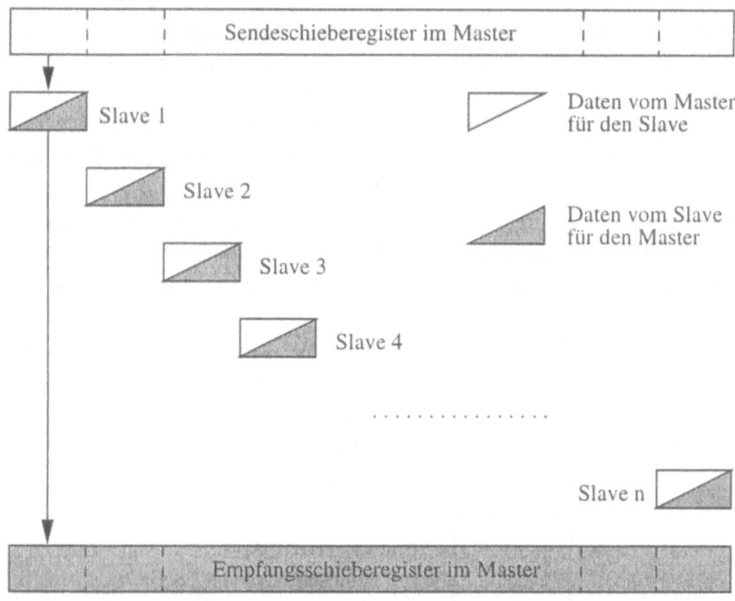

Abbildung 4.8. Summenrahmenprotokoll beim Interbus [35]

Identzyklus Um einen Überblick über die aktuelle Konfiguration des kompletten Busses zu erhalten, beginnt der Master einen Identzyklus. In diesem besitzen die einzelnen Datenrahmen eine feste Datenlänge von 16 bit, damit der Master die erhaltenen Informationen den einzelnen Busteilnehmern zuordnen kann. Die Informationen, die der Master nach dem Identzyklus erhält, gibt ihm Aufschluß über die angeschlossenen Endgeräte und deren Nutzdatenlänge, die zur Informationsübertragung bereitgestellt werden muß.

Speziell wird durch den Identzyklus folgende Information dem Master bereitgestellt [35]:

- Teilnehmertyp des Endgerätes
- Breite des Parameterkanals bei speziellen Endgeräten
- Datenrichtung bei Standardgeräten (Eingang, Ausgang, beides)
- Datenbreite bei Standardgeräten
- Statusmeldungen.

Im Identzyklus ist es dem Busmaster möglich, Buskopplern Anweisungen zu geben, die eine Abschaltung eines weiterführenden Bussegments bewirken – ebenso ist ein Reset eines nachfolgenden Busstrangs möglich.

Nutzdatenzyklus Im Nutzdatenzyklus werden die eigentlichen Ein-/Ausgabedaten für die Endgeräte übertragen. Hier wird zwischen einem *Prozeßdatenkanal* und einem *Parameterkanal* unterschieden.

Im Prozeßdatenkanal werden zyklisch kurze Datenpakete zwischen dem Master und den Endgeräten ausgetauscht. Diese besitzen eine Länge von bis zu 64 Byte pro Endgerät.

Der Parameterkanal stellt ein Verfahren zur Verfügung, welches es dem Master und speziellen Endgeräten ermöglicht, azyklisch größere Datenmengen auszutauschen. Dies ist z. B. bei Antriebsreglern wünschenswert, die nicht ständig mit neuen Parametern versorgt werden müssen.

Größere Datenblöcke werden im Summenrahmen in einzelne kleinere Datenblöcke zerlegt und in aufeinanderfolgenden Kommunikationszyklen gesendet (Abb. 4.9). Die gesendeten Daten müssen im Endgerät bzw. Master solange zwischengespeichert werden, bis die komplette Information übertragen ist.

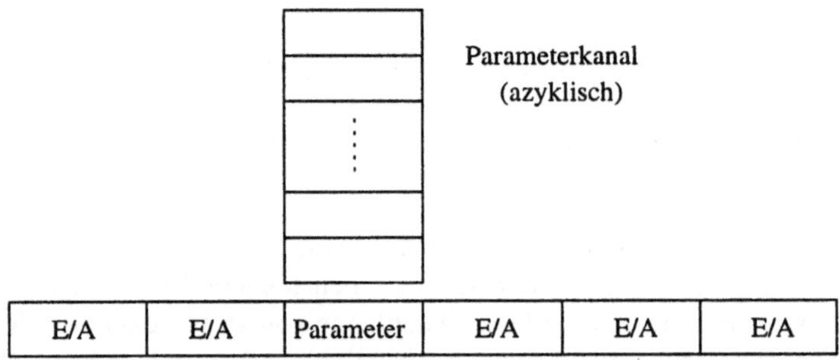

Abbildung 4.9. Übertragung größerer Nachrichtenblöcke im Interbus-Parameterkanal

4.4.1.4 Endgeräte

Für den Interbus existieren eine Vielzahl unterschiedlichster Endgeräte. Diese reichen von einfachen digitalen Ein-/Ausgangsmodulen über analoge Module mit unterschiedlichsten Wandlern (Spannung, Strom, Temperatur ...) bis hin zu komplexen Endgeräten, wie z. B. Frequenzumrichtern. Diese Endgeräte sind in den unterschiedlichsten Bauformen und Schutzarten erhältlich. Als mittelständisches Unternehmen zeichnet sich Phoenix Contact besonders durch die Möglichkeit kundenspezifischer Lösungen aus. Der Interbus in der Bauform ST verfügt vermutlich über das breiteste Endgerätespektrum (siehe z. B. `www.phoenixcontact.com` und `www.interbusclub.com`).

Besonders erwähnenswert ist das dezentrale E/A-Konzept, welches die Möglichkeit zur komplett modularen Peripherie bietet.

Aufgrund der großen Anzahl an verschiedenen Endgeräten unterschiedlichster Hersteller wird hier nur auf Inline von Phoenix Contact eingegangen.

Das Anreihen der Klemmen erfolgt über Messerkontakte in die Nachbarklemme. Darüber werden alle für die Querverdrahtung notwendigen Verbindungen hergestellt. In Abb. 4.10 ist das Phoenix Inline System dargestellt.

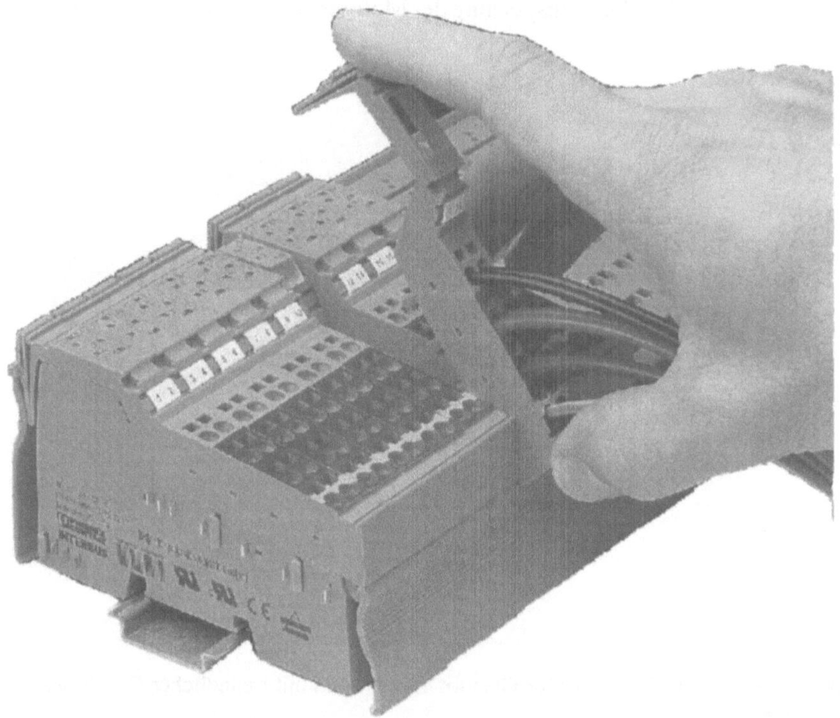

Abbildung 4.10. Inline – Dezentrale E/A von Phoenix – Bild mit freundlicher Genehmigung der Firma Phoenix Contact

Der Kontakt mit der Schutzerde erfolgt automatisch. Die Stecker der Inline-Klemme lassen sich hochklappen und damit von der Klemme trennen ohne daß die Verdrahtung gelöst werden muß. Der Austausch der Modulelektronik ist somit auch ohne Lösen der Verdrahtung möglich. Die mechanische Konzeption mit dem abziehbaren Stecker ist fertigungstechnisch sehr anspruchsvoll.

Die Möglichkeiten der Herstellung einer solchen Lösung ist sicherlich nur für ein Unternehmen mit einer solch großen Erfahrung auf dem Klemmensektor realisierbar.

Die Beschriftung ist über hochklappbare Plastikschilder möglich. Die in der Praxis bewährte Farbkodierung der Ein-/Ausgangsart ist beibehalten, die Farbe bezeichnet die Art der Baugruppe, z. B. Analog-Eingang – gelb. Über eine segmentierbaren Stromkreis kann die Peripheriespannung einer Gruppe von Ausgangsklemmen selektiv und unabhängig von der restlichen Station abgeschaltet werden.

Die Anschaltung von Inline auch an den Profibus DP wird zur Hannover Messe Industrie 1999 vorgestellt werden.

Leistungsklemme Die Integration von Leistungsklemmen zum Schalten von Drehstrom-Normmotoren ist bereits vorhanden, diese sind mit elektronischem Motorschutz ausgestattet. Die Einspeisung der Motoren erfolgt durch die vorgeschaltete Einspeiseklemme.

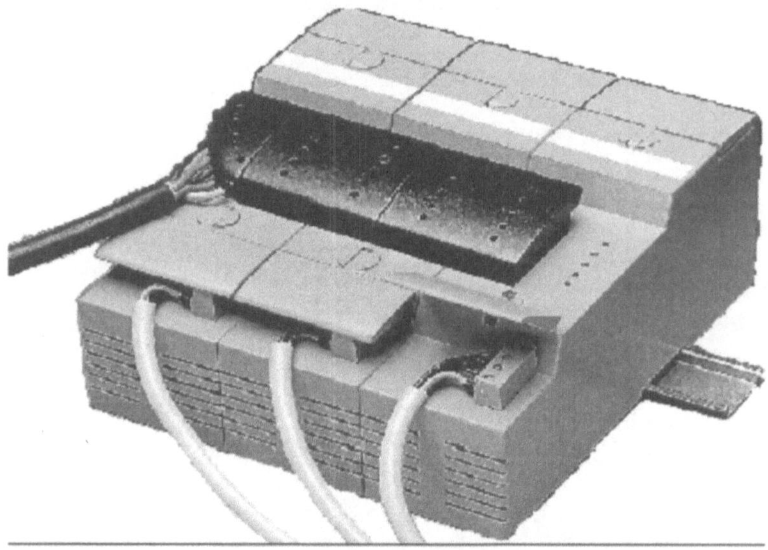

Abbildung 4.11. Motorschalter für Phoenix Inline – Bild mit freundlicher Genehmigung der Firma Phoenix Contact

Auch die Integration von Sicherheitsklemmen befindet sich in Vorbereitung. Das Sicherheitsrelais bietet die Möglichkeit, bis zur Risikokategorie 4 den Segmentkreis zu versorgen und ihn im Fehlerfall per Not-Aus oder Schutztürschalter abzuschalten. Auch die Integration von Pneumatikklemmen ist Bestandteil des Konzeptes.

Mit PCWorX steht ein PC-gestütztes Automatisierungskonzept zur Verfügung, um das Produkt auch von dieser Seite abzurunden.

4.4.2 Profibus DP

Der Profibus DP (PROcess FIeld BUS) für dezentrale Peripherie (DP) ging aus dem Profibus FMS (Kapitel 4.5.1) hervor, der mit seinen komplexen Kommunikationsmöglichkeiten und den daraus resultierenden Zeitanforderungen nicht für die unterste Feldebene geeignet war. Durch „Weglassen" von Diensten des Profibus FMS wurde so ein leistungsfähiger Feldbus für die Ansteuerung von dezentraler Peripherie geschaffen.

Profibus PA Neben dem Profibus DP und dem Profibus FMS existiert noch ein Bussystem für den explosionsgefährdeten Bereich, der Profibus PA (Prozeßautomatisierung). Er zeichnet sich durch eine geänderte Schicht 1 aus, d. h. es wird eine andere Leitung und ein anderes Übertragungsverfahren sowie -pegel verwendet, die sicherstellen, daß bei Fehlfunktionen des Bussystems explosionsfähige Atmosphären nicht gezündet werden können (Ex i).

Profibus PA verwendet zur Kommunikation eine feste Datenübertragungsrate von 31,25 kbit/s mit einem synchronen Manchester-II-Verfahren. Die Datensicherung wird mittels einer Blocksicherung (CRC) vorgenommen, eine Hammingdistanz 4 wird somit erreicht.

Die maximale Ausdehnung eines Profibus PA Strangs darf bis zu 1900 m betragen, wobei an beiden Enden der Leitung ein Abschlußwiderstand vorzusehen ist; als Übertragungsmedium wird eine verdrillte Zweidrahtleitung verwendet. Durch die Möglichkeit bis zu zwölf Geräte per Fernspeisung mit Hilfsenergie zu versorgen (maximal 10 mA pro Teilnehmer), wird der Einsatz in explosionsgefährdeten Bereichen erleichtert, da das Speisegerät in der Regel in die Profibus PA Anschaltung integriert ist. Verzichtet man auf eine Fernspeisung der Feldgeräte, lassen sich bis zu 32 Teilnehmer an den Bus anschließen, die dann aber über ein externes, eigensicheres Speisegerät mit der benötigten Spannung versorgt werden müssen.

Die Ankopplung von Profibus PA Bussträngen erfolgt in der Regel über ein Gateway oder auch Segmentkoppler. Dieser stellt dann die Verbindung mit einem anderen, nicht im explosionsgefährdeten Bereich befindlichen, Bussystem her (z. B. Profibus DP). Endgeräte für Profibus PA werden selbstverständlich von Siemens und z. B. von Pepperl+Fuchs angeboten.

Die weiteren Ausführungen dieses Abschnittes beziehen sich nun nur noch auf den Feldbus Profibus DP.

4.4.2.1 Bustopologie und Übertragungsmedium

Der Profibus verwendet als Bustopologie eine Linienstruktur (Abb. 4.12), d. h. die einzelnen Teilnehmer sind der Reihe nach an einem Kabel angeschlossen.

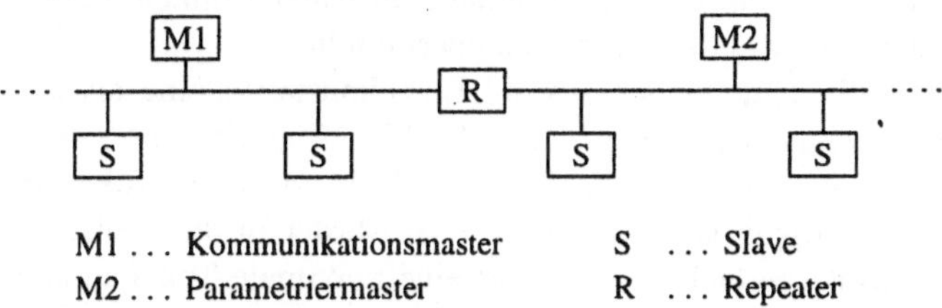

M1 ... Kommunikationsmaster
M2 ... Parametriermaster
S ... Slave
R ... Repeater

Abbildung 4.12. Bustopologie beim Profibus DP

Die maximale Länge des Kabels ist von der gewählten Übertragungsrate abhängig und verkürzt sich bei höheren Übertragungsraten (Tabelle 4.3). Bei Anforderungen an kurze Reaktionzeiten sind also nur kurze Buslängen möglich.

Übertragungsrate	max. Segmentlänge	Repeater	max. Buslänge
9,6 kbit/s, 19,2 kbit/s, 93,75 kbit/s	1200 m	7	9600 m
187,5 kbit/s	600 m	4	2400 m
500 kbit/s	200 m		800 m
1,5 Mbit/s			
12 Mbit/s	100 m	2	200 m

Tabelle 4.3. Zusammenhang zwischen Kabellänge und Übertragungsrate

Zur Überbrückung größerer Teilsegmente können Repeater eingesetzt werden, die die Gesamtlänge des Busses dann entsprechend bis auf maximal 9,6 km verlängern.

Als Übertragungsmedium wird eine abgeschirmte, verdrillte Zweidrahtleitung eingesetzt – durch Verwendung der in DIN 19245 Teil 3 spezifizierten Leitung ist es möglich, noch größere Entfernungen zu überbrücken.

Die Schnittstelle ist nach der RS485-Norm definiert – es wird in der Regel ein 9-poliger Sub-D-Stecker verwendet. Aus der Verwendung der RS485-Norm geht die Beschränkung der an einem Strang anschließbaren Teilnehmer hervor. Die RS485-Bustreiber können maximal 32 Geräte versorgen. Sind mehr Teilnehmer an einem Kommunikationsstrang nötig, ist auch bei nicht ausgeschöpfter maximaler Buslänge ein Repeater einzusetzen, der sich transparent verhält und die Spannungspegel regeneriert.

An beiden Enden des Kupferkabels ist ein Abschlußwiderstand anzuschalten, der in gängigen Steckern bereits schaltbar eingebaut ist.

Ebenfalls möglich ist der Einsatz von Lichtwellenleitern, die ihre Verwendung in Umgebungen finden, in denen starke elektromagnetische Störungen zu erwarten sind.

4.4.2.2 Geräteklassen und Buszuteilung

Beim Profibus existieren zwei Klassen von Kommunikationsteilnehmern, Master (aktiv) und Slaves (passiv). Während Master aktiv kommunizieren können, d. h. selbsttätig eine Kommunikationsverbindung aufbauen können, dürfen Slaves nur nach Aufforderung eines Masters Daten übermitteln.

Im Profibus-System können sowohl Einzelmastersysteme als auch Multimastersysteme aufgebaut werden. Welcher der Master gerade auf den Bus zugreifen darf, wird durch ein Token geregelt: es wird ein *logischer* Tokenring aufgebaut (Abb. 4.13). Das Token wird von Master zu Master in der Reihenfolge der Stationsadressen weitergereicht; es existiert eine maximale Tokenumlaufzeit, die für einen zuverlässigen Betrieb notwendig ist. Die Zugriffskontrolle (Medium Access Control – MAC) auf den Bus wird in Schicht 2 des ISO/OSI 7-Schichtenmodells implementiert.

Jeder Master fragt zyklisch *seine* Slaves ab (Polling). Die Daten werden dann als Prozeßabbild in der Steuerung hinterlegt. Nach Abfrage der Slaves geht das Token an den nächsten Master weiter. Sofern mit mehreren Mastern an einem Profibus DP-Strang gearbeitet wird, steigt damit natürlich auch die Zeit, bis ein bestimmter Slave

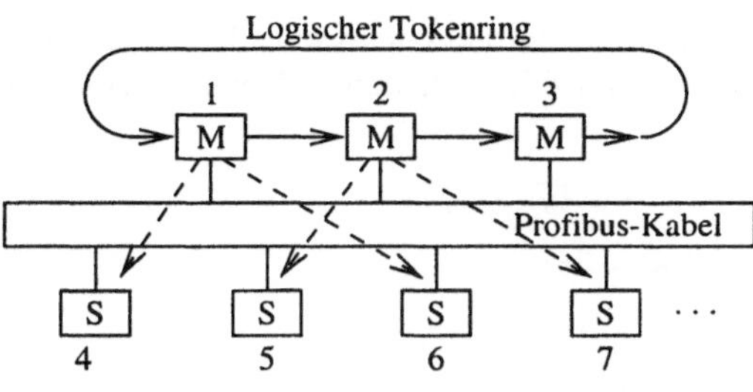

Abbildung 4.13. Zugriffsverfahren bei Profibus-Multimastersystemen

wieder abgefragt wird. In zeitkritischen Anwendungen ist vom Multimaster-Betrieb abzuraten. Einen Anhaltspunkt für die typischen Zykluszeiten mit einem Profibus DP-Master, der Slaves mit jeweils zwei Bytes Ein- und Ausgangsdaten bedient, gibt Tabelle 4.4 [8].

Anzahl der Slaves	1	5	10	20	30
Zykluszeit (500 kbit/s)	2 ms	3 ms	6 ms	10 ms	16 ms
Zykluszeit (1,5 Mbit/s)	2 ms	2 ms	2 ms	4 ms	6 ms
Zykluszeit (12 Mbit/s)	<1 ms				

Tabelle 4.4. Zykluszeiten am Profibus DP mit einem Master

Man erkennt, daß ab einer Übertragungsrate von $\geq$ 1,5 Mbit/s – auch für eine größere Anzahl von Slaves – kurze Zykluszeiten realisierbar sind, d. h. es kann für die meisten Prozesse eine ausreichende Zykluszeit vorausgesetzt werden. Alle modernen Endgeräte für Profibus DP unterstützen zumindest 1,5 Mbit/s Übertragungsrate – die praktischen Einsatzfälle befinden sich gerade in der Testphase.

4.4.2.3 Datenaustauschdienste und Telegrammaufbau

Profibus DP verwendet zur Geschwindigkeitssteigerung, wie bereits erwähnt, nur einen Teil der verfügbaren Profibus FMS-Telegramme, nämlich SRD (Send and Request Data) und SDN (Send Data with No acknowledge).

Beim Profibus-Protokoll existieren vier unterschiedliche Nachrichtentypen, die in Abb. 4.14 dargestellt sind:

- Paket ohne Daten (feste Informationsfeldlänge)
- Paket mit Daten und fester Informationsfeldlänge
- Paket mit Daten und variabler Informationsfeldlänge
- Tokenpaket.

Innerhalb der Telegramme wird ein genormtes UART-Zeichen mit 11 bit Länge verwendet. Es besteht aus Startbit, 8 Datenbits, Paritätsbit und einem Stopbit.

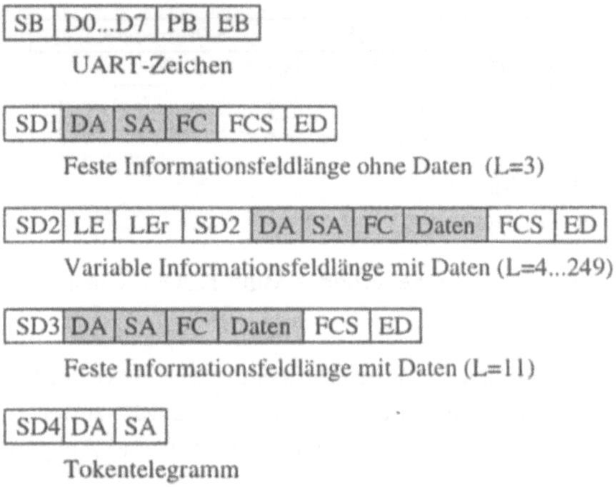

SB	D0...D7	PB	EB

UART-Zeichen

SD1	DA	SA	FC	FCS	ED

Feste Informationsfeldlänge ohne Daten (L=3)

SD2	LE	LEr	SD2	DA	SA	FC	Daten	FCS	ED

Variable Informationsfeldlänge mit Daten (L=4...249)

SD3	DA	SA	FC	Daten	FCS	ED

Feste Informationsfeldlänge mit Daten (L=11)

SD4	DA	SA

Tokentelegramm

Legende:

SB	Startbit
D0...D7	Datenbits
PB	Paritätsbit
EB	Stopbit
SD1...4	Startbyte (Start Delimiter), dient zur Unterscheidung verschiedener Telegrammformate
LE, LEr	Längenbyte, evtl. mit Wiederholung, wird zur Angabe der Nutzdatenlänge in einem Telegramm verwendet.
DA	Adresse des Empfängers (Destination Adress)
SE	Adresse des Senders (Source Adress)
FC	Kontrollbyte, kennzeichnet Telegrammtyp
FCS	Prüfbyte (Frame Check Sequence), dient zur Kontrolle der richtigen Übertragung der gesendeten Daten
ED	Endbyte (End Delimiter), Endebegrenzung des Telegramms

Abbildung 4.14. Datentelegrammformate für Profibus

4.4.2.4 Endgeräte

Für den Profibus DP ist eine Vielzahl unterschiedlicher Endgeräte erhältlich. Angefangen von kommunikationsfähigen Steuerungen verschiedener Hersteller, über dezentrale modulare Peripherie (z. B. ET 200S) bis hin zu intelligenten Modulen, z. B. für Motorsteuerungen, sind fast alle Bereiche eines automatisierten Systems mit Profibus DP als Feldbus vernetzbar. Eine Übersicht der Produkte sowie Adressen von Nutzerorganisationen ist unter `www.profibus.com` zu finden.

Zu beachten bei der Auswahl von Feldgeräten für Profibus DP – unabhängig vom Hersteller – sind zwei Punkte:

- Das Feldgerät muß die physikalische Übertragungsrate des Mastersystems unterstützen (max. 12 Mbit/s). Dies ist bei älteren Systemen, die zumeist nur Übertragungsraten bis 1,5 Mbit/s unterstützen, nicht immer gegeben.
- Der Hersteller des Endgerätes muß eine GSD-Datei (GeräteStammDaten), welche die Fähigkeiten des Endgerätes beschreibt, mitliefern. Diese Datei wird für Programmier- und Projektierumgebungen, wie z. B. Step 7 von Siemens, benötigt, um die Zuordnung von Ein-/Ausgängen und die Initialisierung/Konfiguration des Endgerätes vorzunehmen.

Aufgrund der hohen Anzahl an Anbietern für Feldgeräte und der Komplexität solcher dezentralen Peripherie wird hier beispielhaft auf das dezentrale E/A-System ET 200S von Siemens eingegangen.

ET 200S In Abb. 4.15 ist das modulare, dezentrale E/A-System von Siemens, die Baugruppe ET 200S, dargestellt.

Die ET 200S Baugruppen ermöglichen eine Granularität von 2, jedoch nur die Anschaltung an den Profibus DP, das eigene Feldbussystem, ist lieferbar. Die Elektronik ist hier im Vergleich zu Beckhoff einfacher herausziehbar (Abb. 4.15). Die komplette Klemme bleibt stecken. Dies ist im Vergleich eine sehr elegante Lösung.

Als Anschlußtechnik wird auch hier die Federtechnik gewählt. Die Verbindung der Busklemmen untereinander erfolgt durch Steckverbinder an den Klemmenterminals. Bezeichnungsmöglichkeiten sind am Elektronikmodul gegeben und können beim Wechsel der Elektronik ebenfalls ausgetauscht werden. Der Strang kann potentialmäßig getrennt werden und ebenso können zusätzliche Einspeisungen gesteckt werden. Wenn Leitungsschirme benötigt werden z. B. für analoge Elektronikmodul so sind Schirmauflageelelemente in die Zwischenräume der Terminalmodule einsteckbar.

Eine wesentliche Entwicklung bei allen Feldbusherstellern in Kooperation mit Schaltgeräteanbietern ist die Integration von Verbraucherabzweigen (Leistungsschalter, Schütze, Frequenzumrichter für kleine Leistungen) für unterschiedliche Einsätze in das System. Bisher mußten diese Treiberstufen oder Schaltgeräte noch zusätzlich im Schaltschrank oder zum Teil auch vor Ort im Klemmenkasten gesetzt und verdrahtet werden.

Siemens gibt an, daß beispielsweise bisher bei einem typischen Motorstarter inklusive Motorabgangsleitung 15 bis 18 Leitungsverbindungen nötig waren, so ergibt sich mit der ET 200S nur noch die Notwendigkeit, vier Leitungen zu ziehen. Der Rest ist vorverdrahtet oder baut sich durch die integrierten Potentialschienen bei der Montage der Terminalmodule automatisch auf. Dabei erfolgt die Verteilung des Drehstromnetzes bei den ET 200S-Verbraucherabzweigen über den selbstaufbauenden Energiebus, wobei der Anschluß von 10 mm^2-Leitungen bei den Anschlußklemmen möglich ist.

Der Energiebus kann bis zu 40 A treiben. Die elektromechanischen Verbraucherabzweige bestehen aus Leistungsschalter-Schützkombinationen je nach Hersteller aber für relativ kleine Leistungen (Siemens bis 5,5 kW bei 500 V). Die Einrichtung von Sicherheitsgruppen ist möglich, indem Verbraucherabzweige zusammengefaßt und mit einem Sicherheitsrelais überwacht werden. Siemens verweist darauf, daß

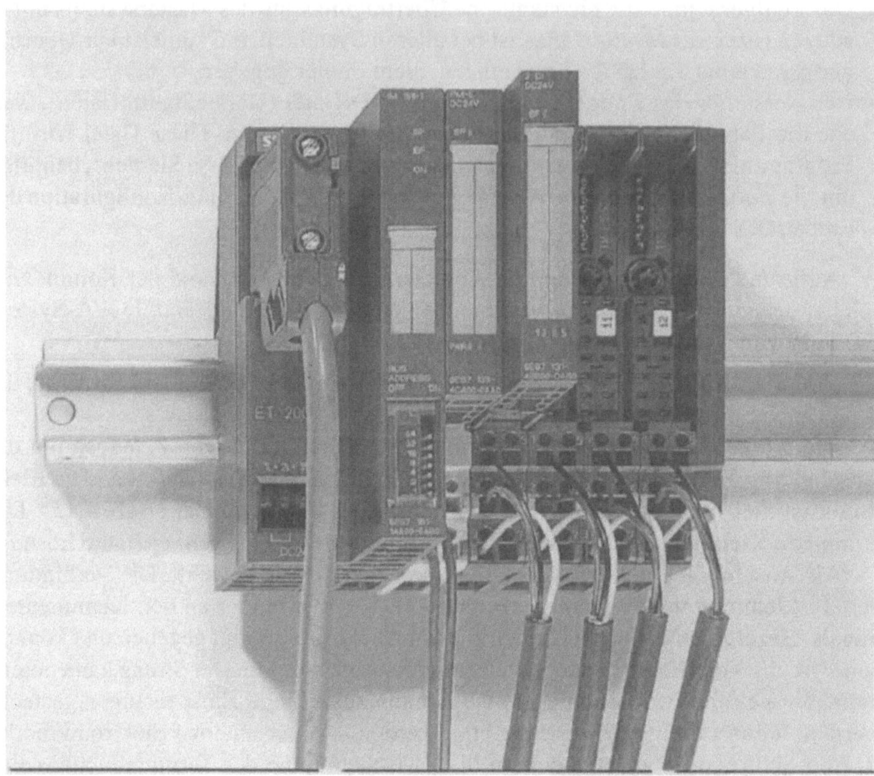

Abbildung 4.15. ET 200S – Austausch der Elektronik – Bild mit freundlicher Genehmigung der Siemens AG

ihr System mit SIGUARD für die ET 200S die höchste Schutzkategorie 4 (EN 954-1) erreicht [41]. Ähnliche Konzepte der Integration von Schaltgeräten und Klemmen bietet auch Phoenix Contact und Klöckner-Moeller.

4.5 Zellenbussysteme

*Zellen*bussysteme sind – entgegen den klassischen *Feld*bussystemen – eine Stufe höher in der Automatisierungsebene angesiedelt. Sie werden zur Vernetzung von Steuerungen untereinander und zur Anbindung der Automatisierungsgeräte an Visualisierungssysteme und Datenbanken verwendet. Aufgabe der Zellenbussysteme ist somit die Übertragung größerer Datenmengen, z. B. zur Synchronisation bzw. Kommunikation unterschiedlicher Produktionsbereiche. Bei Zellenbussystemen ist ein deterministischer Betrieb nicht mehr erforderlich.

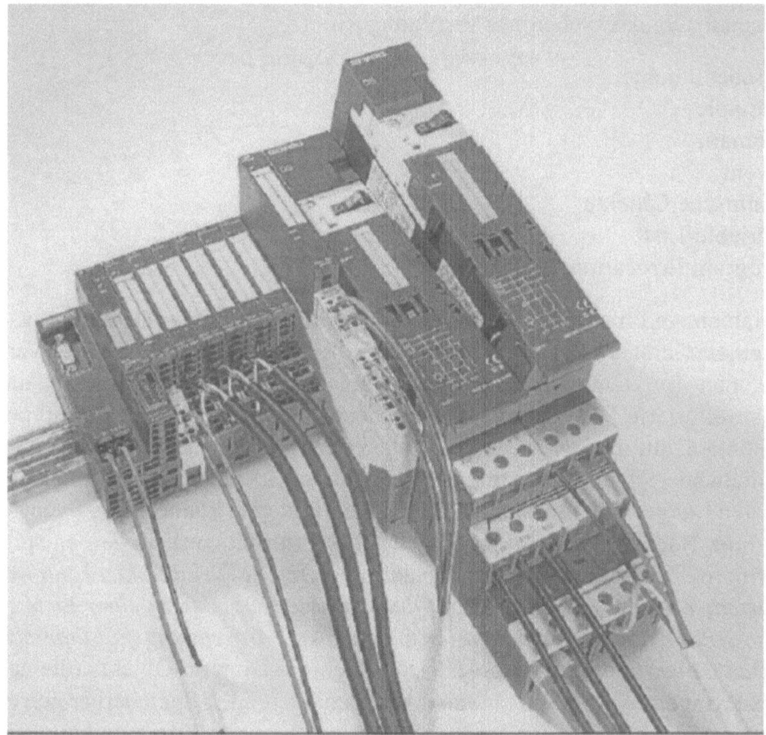

Abbildung 4.16. ET 200S mit Leistungsmodulen – Bild mit freundlicher Genehmigung der Siemens AG

4.5.1 Profibus FMS

Profibus FMS (Fieldbus Message Specification) benutzt das gleiche Übertragungsverfahren wie Profibus DP, der nur eine Anpassung des Profibus FMS auf den Feldbereich darstellt. Die Abwicklung der Kommunikation, das Master/Slave-Verfahren und die Kodierung der einzelnen übertragenen Zeichen ist identisch zum Profibus DP, der in Kapitel 4.4.2 vorgestellt wurde.

An dieser Stelle werden nur die zusätzlichen Schicht-7-Dienste des Profibus FMS behandelt.

4.5.1.1 Objektorientierte Kommunikation

Der Profibus FMS bietet die Möglichkeit der *objektorientierten* Kommunikation, mittels derer größere, strukturierte Datenmengen übertragen werden können. Profibus FMS eignet sich aufgrund dieser komplexen Kommunikationsform nicht für den direkten Feldbereich.

Folgende Objekte stehen zur Verfügung [6]:

- Statische Objekte
  - Variable
  - Domain
  - Event
- Dynamische Objekte
  - Variable-List
  - Program Invocation.

Variablen sind hierbei entweder einfache Variablen (fester Datentyp), z. B. der Status eines Gerätes oder ein Meßwert, Felder (Arrays), die mehrere Variablen des gleichen Typs enthalten, auf die einzeln zugegriffen werden kann, und Records (strukturierte Datentypen), die Elemente unterschiedlicher Datentypen enthalten können, auf die jeweils einzeln zugegriffen werden kann.

Domain bezeichnet einen zusammenhängenden Speicherbereich mit einer festen maximalen Länge, in dem Daten oder Programme stehen können. Das Event-Objekt enthält eine Nachricht mit in der Regel hoher Priorität, welche den entsprechenden Partnern übermittelt wird. Das dynamische Objekt *Variable-List kann während des Betriebs erzeugt werden und faßt die Variablen-Objekte zu einer Liste zusammen, die sich je nach Kommunikationspartner und Anwendungsfall unterscheiden kann. Das Objekt* Program Invocation fügt mehrere Domain-Objekte (die nacheinander übertragen wurden) zu einem zusammenhängenden Speicherbereich zusammen und kann somit ein ausführbares Programm an einen Kommunikationspartner übermitteln (entweder durch Projektierung vordefiniert oder während des Betriebs dynamisch erzeugt) [6].

Die kleinsten Standardobjekte sind somit die einfachen Variablen, aus denen die anderen Objekte zusammengesetzt werden können. Standardvariablentypen sind:

- Boolean
- Integer
- Unsigned Integer
- Float
- Byte (binär kodiert)
- String
- Date
- Time
- Bit-String.

Aus diesen Objekten lassen sich offensichtlich komplexe anwenderspezifische Strukturen erstellen, die zur Kommunikation von Steuerungen untereinander bzw. von Steuerungen mit einem übergeordneten Leitsystem eingesetzt werden können.

Durch die Fähigkeit, große Datenobjekte zu transportieren, geht der Determinismus bei diesem Bussystem verloren. Wenn z. B. Programme über Profibus FMS transferiert werden, ist keine Zeitangabe für die Übertragungsdauer möglich und auch nicht nötig.

Eine detaillierte Übersicht der Kommunikationsmöglichkeiten und der objektorientierten Datenübertragung bei Profibus ist in [6] gegeben.

4.5.1.2 Endgeräte

Endgeräte für Profibus FMS sind in der Regel Steuerungen und Leitrechner/-systeme, die in komplexer Kommunikationsbeziehung untereinander stehen. Für die Programmierung dieser Systeme sind von den Herstellern der Geräte meist komplexe Engineering-Tools verfügbar, die den Entwickler bei der Projektierung von Systemen unterstützen.

Auf Projektierungstools wird in Kapitel 6 näher eingegangen.

4.5.2 ControlNet

ControlNet ist ein Zellenbussystem, das für die Vernetzung von Steuerungen der Firma Allen-Bradley (früher Rockwell) verwendet wird. ControlNet bietet dem Anwender die Möglichkeit sowohl zeitkritische E/A-Informationen als auch größere Datenblöcke, wie z. B. Programme, über das gleiche Medium zu übertragen. Dabei wird für die Übertragung von E/A-Informationen Determinismus garantiert.

4.5.2.1 Bustopologie und Übertragungsmedium

Die Bustopologie bei ControlNet ist die Linienstruktur. Von dieser reinen Linienstruktur kann durch den Einsatz von Repeatern abgewichen werden, um weitere Bussegmente anzukoppeln.

In einer physikalischen Linie dürfen maximal fünf Repeater zu anderen Bussegmenten eingesetzt werden. Insgesamt sind in einem ControlNet System maximal 48 Router erlaubt. Es muß allerdings darauf geachtet werden, daß es immer nur einen eindeutigen Weg zwischen zwei Endgeräten gibt. Zwei Router, die auf beiden Seiten das jeweils gleiche Segment verbinden, sind nicht zugelassen.

Die maximale Ausdehnung eines physikalischen Liniensegmentes hängt von der Anzahl der daran angeschlossenen Teilnehmer (inkl. Repeater) ab. Zur Abschätzung der maximalen Länge kann folgende Formel

$$l_{max} = 1000\text{m} - 16.3\text{m} \times (n - 2)$$

herangezogen werden, wobei n die Anzahl der angeschlossenen Teilnehmer ist. In einem Liniensegment dürfen dabei nicht mehr als 48 Teilnehmer angeschlossen werden, es ergibt sich somit eine maximale Ausdehnung von 1000 m bei 2 Teilnehmern und 250 m bei 48 Teilnehmern. Insgesamt kann ControlNet 99 Teilnehmer – Router müssen hier nicht berücksichtigt werden – verwalten, die dann natürlich auf unterschiedliche Bussegmente verteilt sind [1].

Zur Ankopplung der Teilnehmer an ControlNet werden spezielle Koppler verwendet, sogenannte *tabs*, welche in die Busleitung eingefügt werden und einen Kabelabgang zum Endgerät bereitstellen.

Als Übertragungsmedium wird ein Koaxkabel vom Typ RG6 (75 Ω) verwendet. Es eignet sich besonders durch die vierfache Schirmung für den industriellen Einsatz und ist als Standardkabel und als hochflexibles Kabel erhältlich. Beim Einsatz der hochflexiblen Leitung ist allerdings eine verkürzte maximale Segmentlänge zu berücksichtigen.

ControlNet bietet die Möglichkeit, redundante Kabelwege aufzubauen. Dabei kann die Kabellänge der einzelnen Stränge weitgehend variieren, um die einzelnen Stränge z. B. in unterschiedlichen Kabelschächten zu verlegen (weitere Störsicherheit). Genauere Spezifikationen sind in den Handbüchern zu ControlNet, z. B. in [1], zu finden.

ControlNet arbeitet mit einer Übertragungsrate von 5 Mbit/s, was einen hohen Datendurchsatz auf dem Medium sicherstellt.

4.5.2.2 Kommunikation

Bei ControlNet kommt ein *Producer/Consumer*-Protokoll zum Einsatz. Ähnlich wie bei CAN werden nicht Teilnehmer direkt angesprochen, sondern es werden Nachrichten mit bestimmten Identifiern versehen, welche die Art der Nachricht kennzeichnen. Diese Form der Kommunikation bietet mehrere Vorteile gegenüber klassischen Master/Slave Verfahren [2]:

- Es kann sowohl Master/Slave, Multimaster und Peer-to-Peer Kommunikation durchgeführt werden. Somit können beliebige Konfigurationen an Endgeräten – also eine beliebige Mischung aus Master/Slave, Multimaster und Peer-to-Peer – aufgebaut werden.
- Nachrichten können beliebig gemischt ausgetauscht werden (Einzelnachrichten, zyklische E/A, Programme...)

Durch die nachrichtenorientierte Kommunikation können mehrere Geräte gleichzeitig eine spezielle Information empfangen. Hiermit ist eine Synchronisation mehrerer Geräte möglich.

Die Buszuteilung bei ControlNet geschieht über ein Zeitscheibenverfahren. Die Zeitscheibe (NUI – Network Update Interval) wird bei der Konfiguration des Netzes vorgegeben und kann im Bereich von 2 ms bis typischerweise 100 ms eingestellt werden.

Die Zeitscheibe ist in drei Teile aufgespalten [2]:

- *scheduled:* Innerhalb der Zeitscheibe wird – ausgehend vom Knoten mit der kleinsten Adresse – jedem Teilnehmer einmal das Senderecht zugeteilt. Während dieser Zeit werden zeitkritische, zyklische Daten übertragen (z. B. E/A-Informationen).
- *unscheduled:* Innerhalb dieses Zeitabschnittes werden – wiederum vom Knoten mit der niedrigsten Adresse ausgehend – zeitunkritische Daten übertragen. ControlNet stellt hierbei nur sicher, daß mindestens ein Knoten innerhalb einer kompletten Zeitscheibe senden darf – in zyklischer Reihenfolge wird der Rest der gesamten Zeitscheibe aufgebraucht. In diesem Abschnitt werden somit nur zeitunkritische Informationen ausgetauscht (z. B. Programme), da keine garantierte Übertragunszeit angegeben werden kann.

- *maintenance:* Der Knoten mit der niedrigsten Adresse im System synchronisiert während dieses Abschnittes die restlichen Teilnehmer (Systemzeit).

Der Austausch von „scheduled" Informationen geschieht unabhängig vom Status des gerade in einer Steuerung ausgeführten Programmes. Die E/A-Informationen, die während eines solchen Zyklus ausgetauscht werden, legt der Kommunikationsprozessor der Steuerung in einem separaten Speicher ab, der zu Beginn eines neuen Rechenzyklus in der SPS die aktuellen E/A-Zustände enthält (Prozeßabbild). Ebenfalls ist es möglich, während der „scheduled" Zeitphase direkte Nachrichten zwischen Steuerungen auszutauschen, die z. B. für sicherheitskritische Steuerungsaufgaben verwendet werden können [2].

Im Bereich der „unscheduled" Informationen werden alle anderen, nichtzeitkritischen Daten bzw. Programme übertragen. Da der Zeitbedarf der vorangehenden Übertragung von E/A-Daten nicht festgelegt ist, kann es vorkommen, daß nicht alle Knoten, die „unscheduled" Daten übertragen möchten, auch sofort das Senderecht bekommen. Eine Abschätzung der Übertragungsdauer für Informationen in diesem Bereich ist nicht möglich.

4.5.2.3 Endgeräte

Neben den notwendigen Kommunikationsprozessoren für Allen-Bradley-Steuerungen sind noch Einsteckkarten für PC (z. B. zur Programmierung bzw. Visualisierung von Daten) erhältlich. Ebenso ist ein Modul für den Anschluß von Komponenten mit RS232-Schnittstelle vorhanden.

Bemerkenswert ist weiterhin die Möglichkeit an einen Zellenbus direkt dezentrale E/A anzuschließen. Hierfür ist von Allen-Bradley ein Flex I/O Adapter erhältlich, an den sich bis zu 128 diskrete E/A Punkte anschließen lassen [2]. ControlNet nimmt somit eine Stellung zwischen den klassischen Zellenbussystemen und den Feldbussystemen ein.

Konfiguriert wird das komplette System mit RSNetWorx von Allen-Bradley, einer PC-basierten graphischen Oberfläche, die in das Programmiersystem von Allen-Bradley eingebunden ist.

4.5.3 Ethernet (TCP/IP, SINEC H1)

Ethernet (IEEE 802.3) dient hauptsächlich zur Vernetzung von Rechnersystemen und Steuerungen. Der Einsatz liegt somit sowohl im Bereich der Zellenebene, als auch im Bereich der Visualisierungsebene.

Ethernet geht auf eine Entwicklung der Firma Xerox Ende der 70er Jahre zurück und beschreibt Schicht 1 und Schicht 2 eines Kommunikationsmediums. Heute wird unter Ethernet i. A. das komplette System verstanden, also auch inklusive der Übertragungsprotokolle wie TCP/IP.

4.5.3.1 Bustopologie und Übertragungsmedium

Die ursprüngliche Topologie von Ethernet ist eine Linienstruktur. Mittlerweile sind auch andere Topologien wie z. B. Sternstruktur möglich.

Ethernet auf Basis einer Linienstruktur wird durch ein Koaxialkabel mit 50Ω Wellenwiderstand aufgebaut. Die einzelnen Teilnehmer werden über ein BNC-T-Stück (Thin-Ethernet) an das Medium angeschlossen. Die maximale Ausdehnung eines solchen Netzes beträgt 185 m, die Anzahl der Teilnehmer ist auf 30 beschränkt.

Bei Thick-Ethernet wird ein Busstrang mit der maximalen Ausdehnung von 500 m mittels Tranceivern (max. 100) angekoppelt. Der Abstand zwischen zwei Tranceivern muß ein Vielfaches von 2,5 m betragen. Hierbei wird das Netzwerkkabel mittels eines Dorns kontaktiert, so daß die Leitung bei Anschluß eines neuen Teilnehmers nicht unterbrochen werden muß. Der Tranceiver enthält eine Sende/Empfangslogik, welche u. a. die Kollisionserkennung und eine elektrische Isolation zum Buskabel durchführt. Das Endgerät wird mittels eines Tranceiver-Kabels angeschlossen. Im einfachsten Fall wird das Tranceiver-Kabel an die AUI-Schnittstelle des Endgerätes angeschlossen.

Für andere Medien werden Adapter angeboten, die an einen AUI-Port am Netzwerkanschluß des Teilnehmers angeschlossen werden. Hiermit sind andere Übertragungsmedien nutzbar. AUI-Adapter sind für eine Vielzahl von Medien erhältlich.

Für den Betrieb eines sternförmigen Netzes wird ein spezielles Gerät am Sternpunkt benötigt (HUB, Router). Dieser stellt eine aktive Verbindung zwischen den einzelnen Anschlüssen bzw. zu weiteren Segmenten des Netzes her. Die meisten modernen Ethernet-Netzwerke werden so aufgebaut. Für Netzwerke mit Sternstruktur sind einfach geschirmte Twistet-Pair-Leitungen mit RJ45 Steckern im Einsatz – die maximale Entfernung zum Sternpunkt beträgt dann 100 m. Ebenso ist eine Verwendung von Lichtwellenleitern möglich.

Die Übertragungsrate von Ethernet beträgt standardmäßig 10 Mbit/s. Hier werden alle oben angesprochenen Medien unterstützt. Bei Fast-Ethernet (100 Mbit/s) werden nur noch Punkt-zu-Punkt Verbindungen unterstützt. Hier sind dann LWL oder Twistet-Pair-Kabel notwendig, die auf einen Sternpunkt mit entsprechendem HUB oder Switch führen.

Der Netzwerkzugang wird über das CSMA/CD-Verfahren geregelt. Hieraus ergibt sich sofort, daß Ethernet keinen Determinismus aufweist. Es gibt aber Ansätze, die bei geringer Buslast (<10%) nahezu Determinismus ausweisen. Ebenso sind neue Verfahren (Deterministic Ethernet) im Gespräch.

Eine neue Entwicklung ist das Gigabit-Ethernet, welches eine Übertragungsrate von 1000 Mbit/s unterstützt; das Übertragungsmedium ist wie bei Fast-Ethernet ein Twistet-Pair-Kabel (max. 25 m) oder ein Lichtwellenleiter. Das Zugriffsverfahren ist ebenfalls CSMA/CD, eine Erweiterung ist aber geplant, die eine Quality of Service Funktionalität bereitstellt um gesicherte Übertragungsraten für bestimmte Kommunikationskanäle zu bieten. Hier wird Determinismus in Zukunft möglich sein.

Die aufgeführten Netztopologien sind durch Router und Bridges erweiterbar. So können mehrere Segmente miteinander gekoppelt und das Netz erweitert werden. Dies ermöglicht nahezu beliebige Netzwerktopologien.

4.5.3.2 Kommunikation und Protokolle

Eine detaillierte Beschreibung der für Ethernet verfügbaren Protokolle würde hier zu weit führen. Deshalb sind hier die wichtigsten Protokolle kurz beschrieben. Für weitergehende Informationen steht dem interessierten Leser eine große Anzahl an Literatur zur Verfügung, z. B. [7, 44, 46].

TCP/IP Das gängigste Protokoll für Ethernet-Systeme ist TCP/IP (*Transmission Control Protocol/Internet Protocol*). Dies ist ein systemunabhängiges Protokoll, welches auf allen gängigen Hardware-Plattformen verfügbar ist. Auf TCP/IP setzen unterschiedliche Dienste auf, die es ermöglichen, auf Ressourcen fremder Netzteilnehmer zuzugreifen. Gängige Dienste sind u. a. ftp (*File Transfer Protocol*), telnet (Einloggen auf fremden Rechnern), Email und WWW.

IPX/SPX IPX ist ein Protokoll aus der PC-Vernetzung von Novell unter dem Betriebssystem Netware. Viele Endgeräte unterstützen dieses Protokoll, auch wenn Novell mit Netware 4.x mittlerweile auf TCP/IP umgestiegen ist.

NetBios, NetBEUI Diese beiden Protokolle sind für die PC-Vernetzung entwickelt worden. Sie unterstützen eine Punkt-zu-Punkt Verbindung zwischen zwei PCs. Bei diesen Protokollen ist allerdings zu beachten, daß mit steigender Anzahl angeschlossener Endgeräte die Buslast stark ansteigt. Sobald eine Verbindung mit der Außenwelt (Internet) gewünscht ist, muß (in der Regel zusätzlich zu diesen Protokollen) TCP/IP auf dem PC installiert sein.

4.5.3.3 SINEC H1

Für den Einsatz in industriellen Umgebungen wurde von der Firma Siemens ein Bussystem auf Zellenebene entworfen, welches weitgehend nach den Ethernet-Spezifikationen aufgebaut ist. Die besondere Berücksichtigung des industriellen Umfeldes zeichnet sich durch folgende Punkte aus:

- Verwendung eines speziellen Koaxialkabels (Linienstruktur) mit maximal 500 m Länge. Dieses Kabel ist mehrfach geschirmt und hat einen massiven Aluminium-Außenleiter. Die Verbindung erfolgt durch HF-Steckverbinder der Serie N. Wahlweise kann auch eine Twistet-Pair-Leitung verwendet werden, um sternförmige Netze aufzubauen. Hierfür ist ebenfalls eine doppelt geschirmte Leitung erhältlich. Ebenfalls möglich ist der Einsatz von Lichtwellenleitern.
- Bei SINEC H1 wird in der Regel ein MAP (*Manufacturing Automation Protocol*) bzw. das TF-Protokoll (Technologische Funktionen) verwendet. Diese unterscheiden sich von dem, in der Rechnerwelt hauptsächlich eingesetzten, TCP/IP. Für die Kommunikation mit MAP bzw. TF sind spezielle Treiberbibliotheken erforderlich, die es für unterschiedlichste Rechnersysteme gibt.

Endgeräte für SINEC H1 werden hauptsächlich von Siemens vertrieben. Dazu gehören Anschaltbaugruppen für Steuerungen, Kommunikationsprozessoren als Einsteckkarte für PC, welche einen Teil der Kommunikationsfunktionalität in sich integrieren und weitere Netzwerkkomponenten.

Anzumerken ist hier, daß Siemens mittlerweile auch Anschaltbaugruppen für Steuerungen basierend auf TCP/IP vertreibt. Dies erleichtert den Einsatz in bereits bestehenden Netzwerken.

4.6 Zusammenfassung

Die Vorstellung der unterschiedlichen Bussysteme und Buskonzepte zeigt die Vielfalt der Entwicklungen, andererseits aber auch die Trends zur weiteren Integration von Sicherheitsthemen (Not-Aus usw.) und Leistungsgeräten.

Nachdem die Buselektronik in die frühere Reihenklemme verlegt wurde, verstärkt sich der Trend die noch nicht integrierten Komponenten,

- die bisher noch hardwaremäßig ausgeführt und separat verkabelt werden mußten (Not-Aus, Sicherheitskombination), in die Bussysteme zu integrieren und
- die Leistungsstufen und Schaltgerätekombinationen und damit den Schaltschrank zu integrieren.

In diesem Bereich wird es in naher Zukunft noch zu weiteren Entwicklungen auf dem Endgerätesektor kommen.

5 Anforderungen an Feldbussysteme durch die Anwendung

Nachdem bisher im wesentlichen die technischen Grundlagen sowie die verschiedenen Bussysteme auf Basis dieser Grundlagen kurz vorgestellt wurden, erfolgt die Bewertung der Feldbussysteme für den industriellen Einsatz anhand der Anwendung bzw. Applikation. Denn die Forderungen, die sich aus der Anwendung ergeben, müssen bestmöglich durch die vorhandenen marktüblichen Bussysteme abgedeckt werden.

Aus diesem Grund werden zunächst die verschiedenen Kriterien und Anforderungen, die sich aus den jeweiligen Anwendungen ergeben, vorgestellt, erläutert und anschließend den Branchen oder speziellen Anwendungen diese Kriterien zugeordnet. Dabei sollen insbesondere der Maschinen- und Anlagenbau und die chemische Industrie bzw. Verfahrenstechnik betrachtet werden.

5.1 Allgemeine Anforderungen und Kriterien

Die zu betrachtenden Anforderungen und Kriterien setzen sich sowohl aus technischen und eher organisatorischen bzw. abwicklungstechnischen Aspekten zusammen. Eine Übersicht der wichtigsten Kriterien ist als morphologischer Kasten dargestellt. Im folgenden sollen die technischen Kriterien betrachtet werden; die organisatorischen Kriterien und sonstigen Aspekte werden in Kapitel 6 behandelt.

Die Zeitanforderungen für die Datenkommunikation in einer geplanten Automatisierungsanlage, sind besonders sorgfältig zu ermitteln. Wichtig ist die Festlegung, welche Daten zentral erfaßt und verwaltet werden sollen und welche Daten unmittelbar zwischen einzelnen Teilnehmern ohne Kontrolle einer zentralen Instanz ausgetauscht werden können; also welches Automatisierungskonzept verfolgt werden soll. Dies erfordert die Kenntnis des zeitlichen Verhaltens aller an einem Kommunikationssystem beteiligten Komponenten und des busspezifischen Zugriffsverfahrens (Busmanagement). Unabhängig von den eindeutig spezifizierbaren zeitlichen Anforderungen an ein Kommunikationssystem, kann auch die Effektivität eines Bussystems in einer Automatisierungsanlage davon abhängen, ob die 00Daten dezentral zwischen gleichberechtigten Kommunikationspartnern oder zwischen einer zentralen Einheit und anderen zugeordneten Busteilnehmern übertragen werden.

Um die verschiedenen Forderungen an Automatisierungssysteme mit Feldbussen systematisch darzustellen, bietet sich der morphologische Kasten an.

Kriterium	Ausprägung						
Anzahl I/O	< 250	< 1000	1000 - 3000	> 3000			
Verhältnis A/D zu I/O	1:10	1:4	1:2	1:1	2:1	4:1	
Anlagenausdehnung [m]	40	150	1000	>1km			
Konzentration [I/O pro 50m]	4	32	100	500	Mischungen		
Modularität / Granularität für > 50%	< 2	2-4	5-8	8-16	>16	Mischungen	
Spezialgeräteanschaltung	keine	gering	viele	überwiegend			
minimale Zykluszeit Bus in [ms]	< 1	5 ≥ ≥ 1	10 > ≥ 5	50 > ≥ 10	100 > ≥ 50	>1	>10
minimale Zykluszeit Steuern, Regeln, Pos. in [ms]	< 1	5 ≥ ≥ 1	10 > ≥ 5	50 > ≥ 10	100 > ≥ 50	>1	>10
Echtzeitanforderungen	keine	bedingt	absolut				
Feldgeräte	digitale I/O	digitale + analoge I/O	intelligente Feldgeräte (mit MP)	Meßgeräte	Teilmaschinen		
Modulare Maschinen / Funktionen	nicht vorhanden	bedingt vorhanden	nahezu komplett	< 5 Signale zum Austausch, Verkettung			
Notwendige Redundanz	keine	Steuerung	Bus	I/O-Ebene			
Temperatur °C – Einsatzort	0 bis +30	-20 bis +40	< -20 bis > +40				
Temperatur °C – Umgebung	0 bis 40	-10 bis +55	-20 bis +75	<-20 und > +75			
Feuchte [%]	< 75	76 bis 89	90 bis 95	> 95			
Ex-Bereich, sonstige Normen	VDE/DIN	UL, NEMA, CSA, Austral. Standard	sonstige	Ex-Bereich			
Standardisierung	gering/kunden-spezifisch	Kunde wählt SPS aus	Varianten-konstruktion	hoch, nur Standard			
EMV (Störfestigkeit) EN 50082	Industriebereich	Wohnbereich	Hochempfindliche Meßgeräte + FU				
Sicherheitskategorie EN 954-1	1	2	3	4			
Anlagenverfügbarkeit	2-Schichtbetrieb	85 bis 95 %	95 bis 98 %	> 98%			
Service weltweit	unwichtig	wichtig	12 h Service	24 h Service			
Ersatzteile weltweit	unwichtig, da selber gelagert	wünschenswert, Marketingargument	notwendig, da nicht vorhanden				
Marktdurchdringung im Lieferland	unwichtig	wichtig	nur Marktführer				
Einheitlichkeit der Systeme	unwichtig	technisch bestes System	wo technisch sinnvoll	alles aus einer Hand			
Herstellkosten	unwichtig	wichtig	kaufentscheidend				
Betriebskosten	noch nicht vertrieblich genutzt, wichtig	Kaufentscheidung nach Wartungskosten/	Bedienbarkeit				
Qualifizierungsniveau							
Operator	angelernt, starke Fluktuation	angelernt, Berufserfahrung	Facharbeiter	Erfahrener Facharbeiter			
Wartungspersonal	angelernt	Facharbeiter	Ingenieur				

Abbildung 5.1. Morphologischer Kasten für technische Aspekte

Die Kriterien zur technischen Beurteilung eines Feldbussystems setzen sich zusammen aus:

- Anzahl der Ein-/Ausgangssignale und der Art dieser Ein-/Ausgänge (E/A)
- Komplexität
- Geforderter Zeitrestriktionen
- Grad der Dezentralität bzw. der möglichen bzw. notwendigen Granularität
- Umweltbedingungen
- Sicherheitsanforderungen.

Die Darstellung der verschiedenen Kriterien im morphologischen Kasten ermöglicht die Festlegung einer unterschiedlichen Anzahl von Ausprägungen für jedes Kriterium. Dies ist notwendig, weil nicht alle Kriterien eine gleich große Anzahl von Ausprägungen besitzen. Darüber hinaus haben die Kriterien ganz unterschiedliche Ausprägungen, die nicht unter einer Überschrift zusammengefaßt werden können. Deshalb wurde an Stelle einer tabellarischen Darstellung der morphologische Kasten gewählt. Der morphologische Kasten bietet in äußerst kompakter Form die Möglichkeit, quantitative und qualitative Ausprägungen gemeinsam darzustellen sowie eine unterschiedliche Anzahl von Ausprägungen pro Kriterium einzuführen wie auch verschiedenste Ausprägungen pro Kriterium zu präsentieren. Die Art der Ausprägung wird im Unterschied zu einer Tabelle nicht mit einem Obergriff belegt, sondern sie geht nur aus den unterschiedlichen Ausprägungen hervor.

Beispielhaft sei die Zeile Konzentration erläutert. Eine aus der Praxis resultierende Klassifizierung der Anzahl der Teilnehmer wurde getroffen mit:

E/A pro 50 m	4	32	100	500	Mischkonzentration

d. h. die Anzahl der Ein-/Ausgänge (E/A), die sich in 50 m Entfernung (Buslänge) befinden, werden in fünf Klassen gruppiert.

Die Einteilung beispielsweise der geforderten minimalen Zykluszeit führt zu einer Bildung von sieben verschiedenen Kategorien.

Um einen Gesamtüberblick zu erhalten, werden im folgenden einige nichttechnische Kriterien erläutert. Die Bewertung dieser Kriterien kann nur qualitativ erfolgen:

- Anforderungen an die Anlagenverfügbarkeit
- Service und Ersatzteilanforderungen
- Zulässige Heterogenität versus notwendiger Einheitlichkeit der gewählten Automatisierungslösung
- Kosten (Herstell- und Betriebskosten)
- Qualifizierung usw.

Die Themen der Herstell- und Betriebskosten werden im Kapitel 7 näher behandelt und die technischen Aspekte des morphologischen Kastens in den folgenden Unterkapiteln:

- Spezifikation der Ein-/Ausgänge und Feldteilnehmer
  - Anzahl der E/A
  - Verhältnis der Anzahl der analogen zu den digitalen Ein- bzw. Ausgängen
  - Spezialgeräteanschaltungen
- Topologie/Ausdehnung
  - Anlagenausdehnung, Konzentration der Ein-/Ausgänge
- Echtzeitanforderungen
  - Betrachtung der Zykluszeit

- Modularität und Granularität
  - Einsatzort und Umgebungsbedingungen (siehe Kapitel 2.3)
  - Grad der Dezentralität und
  - Sicherheitsanforderungen/Redundanz

5.1.1 Spezifikation der Ein-/Ausgänge und Feldteilnehmer

Die wichtigsten busfähigen Geräte in der Automatisierungstechnik lassen sich den folgenden Gruppen zuordnen:

- Binäre Sensoren und Aktoren
- Analoge Sensoren und Aktoren
- Steuerungen, Regler, Prozeßrechner
- Meß- und Überwachungsgeräte
- Betriebsdatenerfassungs-/Meßdatenerfassungs-(BDE/MDE)-Geräte
- Antriebe, Antriebssysteme
- Bedien- und Anzeigeelemente
- Schnittstellen zu gleichrangigen Systemen (wie zu speicherprogrammierbaren Steuerungen)
- Schnittstellen zu über- und untergeordneten Systemen (wie Prozeßleitsystemen oder PPS-Systemen).

Die unterschiedlichen Geräte können unterschiedliche Datenmengen senden bzw. benötigen diese für ihre Parametrierung.

Die Anzahl der Busteilnehmer ergibt sich aus der Addition aller in der Anlage geplanten Kommunikationsteilnehmer. Häufig werden jedoch durch intelligente Busteilnehmer mehrere Sensor-/Aktor-Elemente zu einem Busteilnehmer zusammengefaßt.

Granularität, Baugrößen (Klemmentechnik) und der ausgewählte Steuerungsbus bzw. das übergeordnete System (herstellerspezifisch), sind abhängig von der Automatisierungsaufgabe zu betrachten.

Insbesondere die Komplexität oder auch Intelligenz der Feldteilnehmer bestimmt die Anforderungen an das Bussystem, beispielsweise hinsichtlich der Zykluszeit.

Wenn eine Antriebseinheit so intelligent ist, daß in ihrem Prozessor die zu fahrenden Rampen gespeichert werden können und nur noch Parameter zur Auswahl der gerade aktuellen Rampe übertragen werden müssen sowie die Meldung „Position erreicht“, so sind die zu übertragenden Datenmengen wesentlich geringer und wesentlich weniger zeitkritisch, als wenn die Sollwerte der Rampe im einzelnen übertragen werden müssen und zwar während der Antrieb fährt bzw. die Position permanent abgefragt werden muß, um dann die Erreichtmeldung abzusetzen.

Diese beiden theoretischen Beispiele verdeutlichen die unterschiedlichen Anforderungen bei intelligenten Feldbusteilnehmern und solchen ohne oder mit nur geringer Eigenintelligenz und deren Auswirkungen auf die notwendigen Buszykluszeiten.

Damit wird deutlich, daß die gestellte Aufgabe (das Anfahren einer Position mit Beschleunigungs- und Bremsrampen) automatisierungstechnisch ganz unterschiedlich gelöst werden kann und sich daraus ganz unterschiedliche Anforderungen an das einzusetzende Bussysteme ergeben.

5.1.2 Topologie, Ausdehnung und Konzentration

Die Topologie des Bussystems ist heute kaum noch Einschränkungen unterlegen. Eine klassische Unterscheidung zwischen Bussysteme, die als Schieberegister die Ein-/Ausgänge bearbeiten und den intelligenten autarken Feldbusteilnehmern mit geringem Datenaustausch wird aufgehoben.

Auch die Frage der Topologie und Ausdehnung reduziert sich auf die Auslegung der Anzahl der Repeater und die Aufteilung der Busstränge in Abhängigkeit von der Zykluszeit und der Anzahl der Busteilnehmer, um die gewünschten Zykluszeiten zu realisieren.

Unter der Konzentration von Ein-/Ausgängen versteht man, wie groß die Anzahl von E/A ist, die sich maximal in einer vorgegebenen Entfernung voneinander befinden. Hierbei ist einerseits die Gleichartigkeit der Ein-/Ausgänge bezogen auf die Feldbusmodule zu betrachten, d. h. handelt es sich um digitale oder analoge E/A, und bei analoger E/A des weiteren ob 4–20 mA oder ±10 V, oder um Thermoelemente. Mit der Anzahl der Ein-/Ausgänge in einem räumlichen Abschnitt kann die Auslegung der Feldbusmodule geschehen, nämlich wieviele Busmodule eines Typs (z. B. digitaler Eingang) benötigt werden, es sich lohnt, ein hochgranulares System einzusetzen oder daß so viele Ein-/Ausgänge vorhanden sind, um größere Module und damit kostengünstigere Lösungen eingesetzt zu können. Andererseits ist die mögliche Vorverarbeitung bzw. die Autarkheit der vorliegenden Aufgabe zu betrachten.

Angenommen sei, daß die vorhandene Regelungsaufgabe n-mal in der zu automatisierenden Anlage vorkommen und dabei immer die gleiche Anzahl von Ein-/Ausgängen zu verarbeiten sind (2 digitale Eingänge, 2 digitale Ausgänge, 1 Thermoelement, 1 spezieller Wegaufnehmer sowie verschiedene Ausgänge). Bei dieser Aufgabe ist es evtl. vorteilhaft, als Lösung eine Spezialkomponente zu kreieren.

Diese beispielhaften Überlegungen sollen an dieser Stelle ausreichen, um die Auswirkungen an das auszuwählende Feldbussystem zu erläutern.

5.1.3 Echtzeitanforderungen

Die verschiedenen relevanten Zeiten werden in Abb. 5.2 beispielhaft für eine Regelung erläutert.

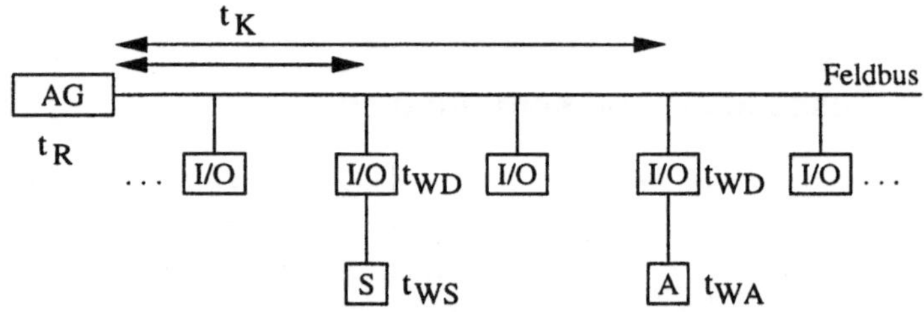

t_R Zeitbedarf für die Regelungsberechnungen im Automatisierungsgerät
t_K Kommunikationszeit für das sichere Ansprechen eines Teilnehmers
t_{WD} Wandlungszeit der dezentralen Geräte
t_{WS} Wandlungszeit des Sensors
t_{WA} Wandlungszeit des Aktors

Abbildung 5.2. Zeitbedarf für eine Regelung mit dezentraler E/A

Wie in Kapitel 4 zu den einzelnen Bussystemen schon erläutert, existieren für die Kommunikation eines Automatisierungsgeräts (AG) mit dezentralen Teilnehmern für jeden Feldbus bestimmte Zeiten t_K, die nicht unterschritten werden können.

Hierbei handelt es sich um die Summe der reinen Kommunikationszeit mit dem Teilnehmer (zur Übertragung der Informationsbits) und der Zeit, die verstreicht, bis überhaupt mit dem gewünschten Partner (hier z. B. die dezentrale E/A) kommuniziert werden kann (vgl. deterministisches/nichtdeterministisches Bussystem). Diese Zeiten hängen hauptsächlich von der Anzahl der Teilnehmer und der Ausdehnung des Feldbusses ab.

Die Zeit für die Regelaufgabe t_R ist abhängig von der Leistungsfähigkeit des Automatisierungsgerätes bzw. den Aufgaben, die dieses AG noch erfüllen muß (Zykluszeit).

Für die Wandlung der meist analogen Signale im dezentralen E/A-Gerät in binäre Informationen (A/D-Wandlung) ist ebenfalls eine gewisse Zeit t_{WD} erforderlich, die je nach benötigter Genauigkeit meist im Bereich einiger Millisekunden liegt.

Schließlich sind noch die Reaktionszeiten der Sensoren t_{WS} und Aktoren t_{WA} auf die veränderten Zustände zu berücksichtigen. Diese Zeiten lassen sich in den Datenblättern der Hersteller finden.

Für einen problemlosen Ablauf der Regelung muß die Gesamtzeit, also die Zeit vom Einlesen der Zustände durch die Sensoren bis zur Ausgabe der neuen Werte durch die Aktoren, kleiner als die geforderte Prozeß-Regelzeit $t_{Prozess}$ sein.

$$t_{Prozess} \geq t_R + 2t_K + 2t_{WD} + t_{WS} + t_{WA}$$

Wenn diese Ungleichung nicht erfüllt ist, ist die Kombination der gewählten Komponenten (AG, Feldbus, dez. E/A – bei der Wahl der Sensoren hat man oft keine Alternativen) nicht für die Regelung geeignet.

Ein Beispiel zur Zykluszeit-/Prozeßgeschwindigkeitsproblematik aus einer konkreten Anwendung ist in Kapitel 7.3 angeführt.

5.1.4 Modularität und Granularität

5.1.4.1 Modularität

Unter einem Modul versteht man die Untereinheit eines Programms, welche eine bestimmte Aufgabe erfüllt, oder die Zusammenfassung solcher Einheiten, z. B. Prozedur, Funktion, unit, Unterprogramm, usw. Bei einer Anlage/Maschine wird darunter die funktionale Aufteilung verstanden. Ein Modul kann z. B. eine möglichst abgeschlossene Funktion oder Funktionseinheit sein. Dieses Modul kann von einem separaten, intelligenten Feldbusteilnehmer gesteuert und geregelt werden. Alle dazu notwendigen Sensoren/Aktoren werden in dieser Einheit eingelesen und verarbeitet.

Plakativ sei die Idee der Standardisierung durch Modularisierung anhand Bild 5.3 kurz erläutert:

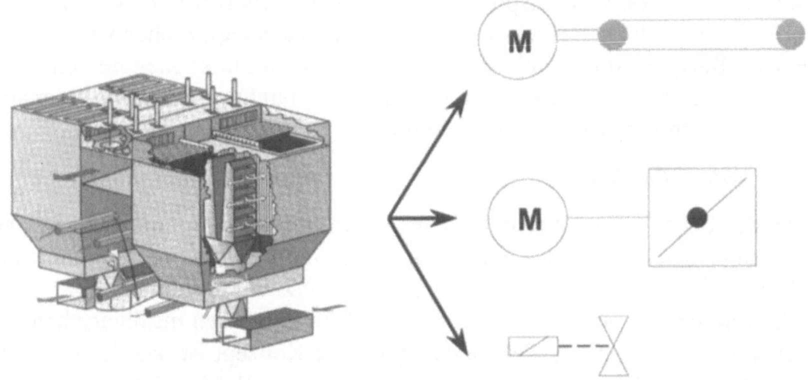

Abbildung 5.3. Anlage mit mehreren gleichen Aufgabenteilen – Bild mit freundlicher Genehmigung der Firma Weidmüller

Es sei eine Anlage betrachtete, die ähnliche Aufgaben mehrfach beinhaltet. Die Ansteuerung von zwei Motoren (für ein Transportband und eine Klappe) und eines

Ventils. Für diese Aufgabe seien die Funktionen f, g und h zu realisieren. Die Ansteuerung des Motors für das Transportband stellt die Funktion f dar. Die Funktion g ist die Realisierung der Klappensteuerung und die Steuerung des Ventils sei die Funktion h. Diese Funktionen werden als Objekte 1 bis 3 (in Software) erstellt und eine spezielle Unterstation (Hardware) wird dazu projektiert (Bild 5.4).

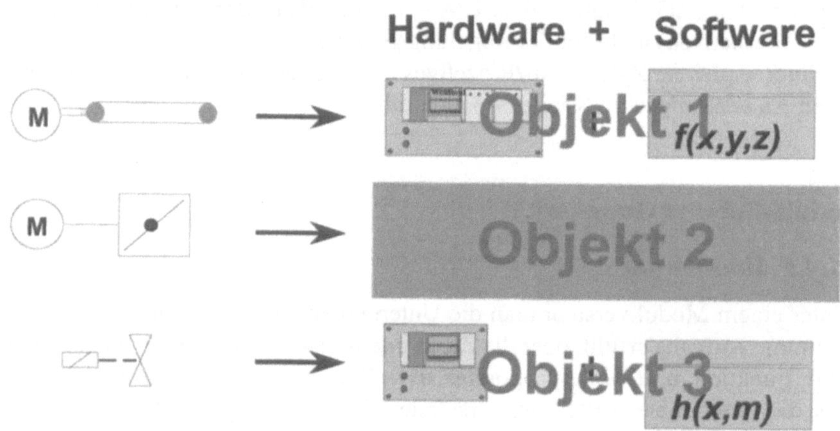

Abbildung 5.4. Modularisierung mehrerer gleicher Teilaufgaben – Bild mit freundlicher Genehmigung der Firma Weidmüller

Wenn eine dieser Funktionen nun nochmals vorkommt, so muß lediglich eine weitere Unterstation von entsprechendem Typ projektiert werden und das entsprechende Softwareobjekt (Objekt 1, 2 oder 3) nochmal angesprochen werden. Im vorliegenden Beispiel ist die gleiche Maschine mit allen Funktionen nochmals zu implementieren. Es wäre aber auch möglich nur eine Funktion innerhalb einer anderen Maschine zu implementieren, weil ein modulares Konzept vorliegt.

5.1.4.2 Granularität

Unter der Granularität eines Feldbusses wird verstanden, wie klein die Stückelung der vorhandenen Ein-/Ausgangsbaugruppen gewählt werden kann, d. h. die Anzahl der Kanäle gleichen Typs, die mindestens eingesetzt werden müssen.

Die erreichbare Granularität ist entscheidend durch den mechanischen Aufbau des Busmoduls beeinflußt. Das höchstgranulare Konzept ist das der Bauform der Reihenklemmen, d. h. die Integration der kompletten Wandlerelektronik in die Reihenklemme; also der theoretischen Granularität 1. Aus mechanischen Gründen wird jedoch zur Zeit die kleinste Granularität 2, also mit zwei Klemmen gleichen Typs als kleinstes Feldbusmodul realisiert. Solche Konzepte werden von verschiedenen Herstellern angeboten (Beckhoff, Siemens, Phoenix Contact).

Die Vorteile beim Feldbuseinsatz (Kosten, Platz) liegen häufig in der genau auf die benötigte Anzahl und Art der Ein-/Ausgänge an der Maschine oder der Funktion zugeschnittene Auswahl. Ein Beispiel für die direkte Anbringung der für die Funktion notwendigen Ein-/Ausgangssignale zeigt die folgende Abb. 5.5.

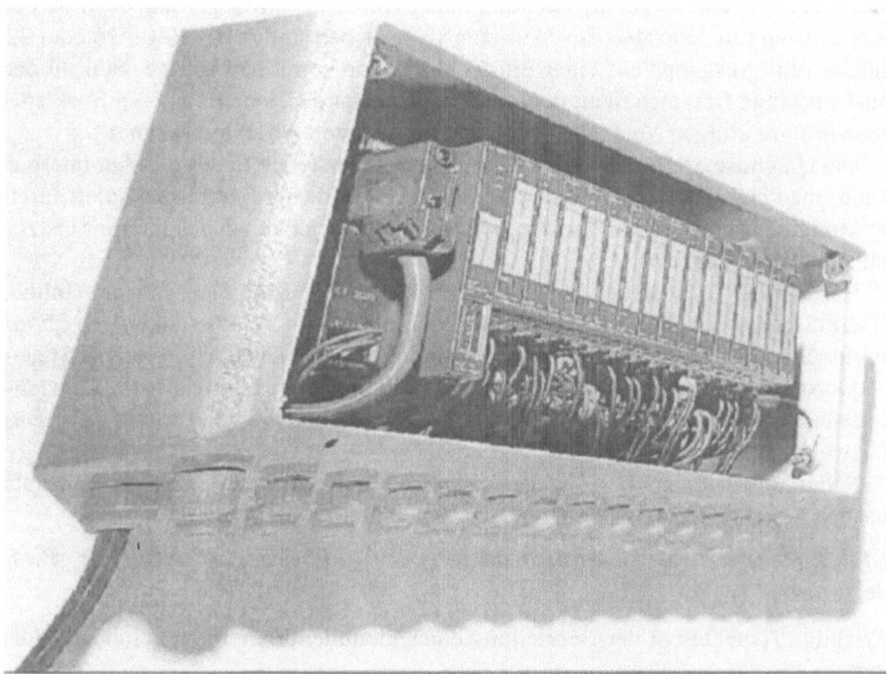

Abbildung 5.5. Anbringung von dezentraler E/A direkt an den Prozeß (Siemens ET 200S) – Bild mit freundlicher Genehmigung der Siemens AG

Mit solchen Klemmenkästen werden die bisherigen Klemmenkästen beispielsweise an einer Maschine ersetzt. Die Forderung an die Busmodule lautet damit, daß die Bauform und Baugröße der bisherigen Reihenklemme nicht verlassen werden darf, da im Maschinenbau nur dieser Platz für den Einbau vorhanden ist. Um eine mechanische Konstruktionsänderung zu vermeiden, muß die Feldbustechnik möglichst baugleich mit der bisherigen Reihenklemme sein.

Gemäß der Modulo-Funktion gilt es, die Anzahl der freien Ein-/Ausgänge hinsichtlich des Kostenkriteriums zu reduzieren. Dies steht im Widerspruch zu einer notwendigen Reserve für Nachrüstungen durch nachträgliche Erweiterungen, wie sie beispielsweise im Anlagenbau gefordert wird. Bei Serienmaschinen ist dies aufgrund der kaum notwendigen nachträglichen Erweiterungen aufgrund von Optimierungen nicht relevant.

Mit den neuen Buskonzepten, die es erlauben, beispielsweise in 2er Stückelung Ein-/Ausgänge und digitale und analoge Module frei zu mischen, ist ein absolut dezentraler Aufbau mit der geringsten Anzahl von freien Kanälen möglich. Kostenmäßig ist jedoch die Investition des Buskopplers zu betrachten.

Die unterschiedlichen Konzepte einer klemmenorientierten Busklemme wurden bereits in Kapitel 4, bei der Vorstellung der verschiedenen Bussysteme, erläutert. Eine vergleichende Gegenüberstellung bietet Abb. 5.6. Im Gegensatz dazu ist bei einer Lösung mit zentralen Ein-/Ausgangsbaugruppen sind in der Regel 16 oder 32 digitale Ein-/Ausgänge auf einer Einsteckkarte und somit häufig eine Vielzahl der Ein-/Ausgänge frei, also nicht genutzt. Das Konzept der hochgranularen Busklemmen wird mit einigen Vor- und Nachteilen im nächsten Abschnitt erläutert.

Die Diagnosemöglichkeiten variieren je nach Hersteller. So ist z. B. bei Interbus Inline eine komplette Diagnose für alle E/A möglich, da der Interbus komplett durch die Module geführt wird und somit die Diagnosemöglichkeiten des Interbus bis zur einzelnen Klemme reichen.

Happacher [20] stellt die drei hochgranularen Klemmensysteme (Inline, ET 200S und Beckhoff) vor. Er skizziert darüberhinaus die Entwicklungen „Evolutionsschritte der Steuerungsfunktion" mit der Endausbaustufe: „Verteiltes Steuerungssystem: Kleine PC-basierte Steuerungseinheiten sind mittels eines Echtzeit-Netzwerkes miteinander verbunden und über die ganze Anlage verteilt. [...] Das Netzwerk ist der Computer."

In der industriellen Praxis ist man sowohl beim Einsatz stark verteilter Konzepte als auch beim PC-Einsatz noch relativ zurückhaltend.

5.1.4.3 Beispielhafte Ausführungen von klemmenorientierten Busklemmen

Wichtige Aspekte bei der Beurteilung eines klemmenorientierten Feldbusmoduls sind:

- Verschiedene Anschaltungen für die unterschiedlichen Bussysteme
- Intelligenz in der Busanschaltung/Buskoppler möglich (dezentrale Programmabarbeitung).

Der automatisierungstechnische Aufbau von Funktionseinheiten mit Hilfe der neuen Klemmenmodule unterscheidet sich stark von solchen mit klassischen Reihenklemmen und bildet das Grundkonzept beispielsweise des Inline-Systems von Phoenix-Contact [34]. So lassen sich Klemmen in Schaltschränken nach ihrer Funktion sortiert zusammenfassen. Dabei werden z. B. sämtliche E/A-Module, alle Relais, Schütze usw. jeweils nebeneinander eingesetzt und erst durch die Verdrahtung untereinander wird die Funktionalität erreicht. Dagegen läßt sich durch die Modulbauweise der neuen Klemmen eine funktionsorientierte Anordnung durchführen. Prinzipiell ist dafür kein Schaltschrank, sondern nur eine Hutschiene nötig – bei Phoenix-Contact ein „Inline-System".

Durch die steckbaren Einheiten lassen sich veränderte Anforderungen schneller umsetzen, also beispielsweise zusätzliche Ein-/Ausgänge realisieren. Außerdem gestatten einige Module elektrisches – je nach Projektierung auch vollständiges – „Hot-Swapping". Das heißt, ohne die Stromversorgung abzuschalten, läßt sich das Modul austauschen, z. B. im Wartungsfall.

Hersteller	Siemens	Phoenix Contact	Beckhoff	Weidmüller
System	ET200S	Inline	II/O	WINbloc
Granularität	2	1 (Analog) / 2	2 / 4	4 / 8 / 16 / 32
Potentialtrennung / -einspeisung	Ja / Ja	Ja / Ja	Ja / Ja	Ja / Nein
Verbindung untereinander	Steckverbinder an den Klemmblöcken	Messerkontakte	Doppelte Nut-Feder-Verbindung (Messerkontakte)	Steckverbinder, der aus den Elektronikmodulen herausgeschoben wird
Montage	Hutschiene	Hutschiene	Hutschiene	Hutschiene
Anschlußtechnik	Schraubanschluß oder Federzugklemme	Federzugklemme mit 2, 3 und 4-Leitertechnik	Federzugklemme mit 2, 3 und 4-Leitertechnik	Federzugklemme mit 2, 3 und 4-Leitertechnik
Beschriftung	Beschriftungsfeld am Elektronikmodul	Beschriftungsfeld am Elektronikmodul und Zackband	Herausziehbar an der Klemme (klein)	Beschriftungsfeld am Elektronikmodul
Feldbusse	Profibus DP	Interbus, andere in Vorbereitung	Lightbus, Profibus DP, CAN, DeviceNet, Interbus, LON, RS232, RS485	Profibus, Interbus, CANopen DeviceNet
Interner Bus / Klemmenbus		Interbus	K-Bus	Weidmüller Modulbus
Dez. Intelligenz	In Vorbereitung für 1999	In Vorbereitung für 1999	Ja, in spezielle Buskoppler integriert	Ja, für CAN
Max. Einheiten	64	63	64 pro Buskoppler	10 Elektronikmodule an einem Koppler
Austauschbarkeit	Elektronik getrennt vom festen Klemmenblock austauschbar	Verkabelung an Stecker, der von Elektronik gelöst werden kann.	Komplettes Modul, Verkabelung muß gelöst werden	Elektronik getrennt vom festen Klemmenblock austauschbar
Modultypen	Analog I/O, Digital I/O, SSI, Zähler, Leistungsschalter	Analog I/O, schnelle AI/AO, Digital I/O, SSI, PT100, Zähler, Pneumatikkopplung, Leistungsschalter, Notauskonzept (einige Typen in Vorbereitung)	Analog I/O, Digital I/O, SSI, Incremental-Encoder, Zähler, PT100, serielle Schnittstellen, Potentialeinspeisung und –trennung, Netzteilklemmen	Analog I/O, Digital I/O, Zähler, PT100

Abbildung 5.6. Vergleich einiger modularer Klemmensysteme

Die sehr kompakte Bauweise der Reihenklemmen ermöglicht oftmals die – mechanisch – einfache Umrüstung von bestehenden Schaltschrankkonzepten auf Reihenklemmenbasis. In den Schaltschränken findet sich entweder nach dem Ausbau von nun unnötigen Komponenten genügend Platz für die Klemmen oder die alte

Verdrahtung wurde auch mit Klemmen, allerdings rein elektrischen, durchgeführt. Diese lassen sich dann durch die modernen Busklemmen mit Feldbus ersetzen.

Happacher [20] gibt an, daß sowohl Phoenix Contact als auch Siemens eine Verringerung des Verdrahtungsaufwands von bis zu 80% und eine Reduzierung der Schaltschrankfläche um 40% abschätzen.

Vereinfachte Verdrahtung Durch eine gemeinsame Versorgung mehrerer Klemmen mit elektrischer Leistung, ist zum einen der Verdrahtungsaufwand direkt geringer und zum anderen entfällt eine feste Kopplung per Draht an die Stromzufuhr.

Lassen sich die Klemmen in einen Trägerteil, der die elektrischen und mechanischen Verbindungen beinhaltet und einen elektronischen Teil trennen, so läßt sich die Verkabelung bereits durchführen, bevor die eigentlichen Elektronikmodule eingesetzt werden. Ein Vorteil, um die zum Teil empfindliche Elektronik möglichst lange zu schützen und bei Verdrahtungstest keiner Testspannung auszusetzen. Dies ist bei der ET 200S sehr gut durch das Terminalmodul gelöst, welches auf die Hutschiene aufgeschnappt wird und an deren Anschlüsse die Verdrahtung durchgeführt wird. Das Elektronikmodul wird dann nur noch aufgesetzt. Beim Inline-System von Phoenix-Contact wird dagegen das Elektronikmodul auf die Hutschiene geschnappt und die Anschlüsse danach im Peripheriemodul auf das Elektronikmodul gesetzt. Dadurch ist eine Verdrahtung ohne Elektronikmodul nicht praktikabel möglich. (Siehe dazu auch Kapitel 4.4.2.4)

Anschlußtechnik (Federklemme versus Schraubklemme) Die lange Zeit bevorzugte Schraubklemme wird im Zuge der Verkleinerung der Busmodule und des verbesserten Aufbaus als Reihenklemme durch die Federklemme verdrängt.

Der scheinbare Vorteil der Schraubklemme immer gleiche Kraft aufzubringen, wird durch den Nachteil des Ausdrehens des Schraubkopfes bei mehrfachem Lösen und Anziehen kompensiert. Der scheinbare Nachteil der Federklemme auf eine unsichere, weil von der Federkraft abhängigen Klemmkraft wird durch die Zeitersparnis bei der Verkabelung ausgeglichen. Alleine aufgrund der Verkleinerung ist es nicht mehr möglich, für die Montage ausreichend große Schrauben einzusetzen, so daß sich die Federklemme sicherlich durchsetzen wird. Sie hält auch in der Schaltgerätetechnik bereits Einzug.

Lagerhaltung und Investition Setzt man ein Klemmensystem ein, welches sich an verschiedene Feldbusse anschließen läßt, benötigt man als Ersatzteil nur einen Typ Klemme und reduziert dadurch die Anzahl unterschiedlicher vorzuhaltender Komponenten.

Bei der Aufteilung in Träger- und Elektronikteil besteht des weiteren die Möglichkeit, die Investition in die teureren Elektronikmodule so lange aufzuschieben, bis die komplette Verkabelung durchgeführt worden ist. Gerade bei der wachsenden Intelligenz in diesen Modulen, wie sie beispielsweise in Kapitel 7 vorgestellt werden, steigen auch die Kosten solcher Module an.

Nicht übersehen sollte man aber das sehr hohe Preisniveau, auf dem sich die Busklemmen und insbesondere die Buskoppelmodule noch befinden. Nicht vorhandenen Kompatibilität zwischen den Herstellern verhindert eine direkte Konkurrenzsituation, die den Preis senken würde. Des weiteren wünschen sich viele Kunden und Hersteller eine sehr viel dezentralere Bauweise. Durch die Unterbringung in Schaltkästen und die fehlende Verfügbarkeit von Baugruppen in anderen Schutzklassen als IP 20, ist die Möglichkeit des direkten Anbringens an der Maschine unter wirtschaftlichen Aspekten nur bedingt gegeben.

5.1.5 Grad der Dezentralität

Der Grad der Dezentralität bezeichnet den Grad der Verlagerung der Intelligenz an den Sensor/Aktor, d. h. an den Prozeß. Die Konzepte sind gestuft denkbar:

- Zentrales Konzept ohne Feldbuseinsatz
  Jeder Sensor-/Aktor wird aus dem Feld bis zu den Ein- /Ausgangsbaugruppen des Automatisierungsgerätes im (zentralen) Schaltraum geführt.
- Zentrale Intelligenz mit Feldbuseinsatz
  Die Intelligenz, d. h. das Automatisierungsgerät verbleibt im (zentralen) Schaltraum, aber die Sensorik/Aktorik wird über ein Feldbussystem ein-/ausgelesen. Es findet keine Regelung oder Vorverarbeitung vor Ort in der Anlage statt.
  Bei diesem Konzept gibt es ebenfalls Abstufungen hinsichtlich der Konzentration der Ein-/Ausgänge: wieviele Ein-/Ausgänge werden zusammengefaßt und in einer Unterverteilung/Klemmenkasten gebündelt, um dann über Feldbus zur Schaltwarte geführt zu werden.

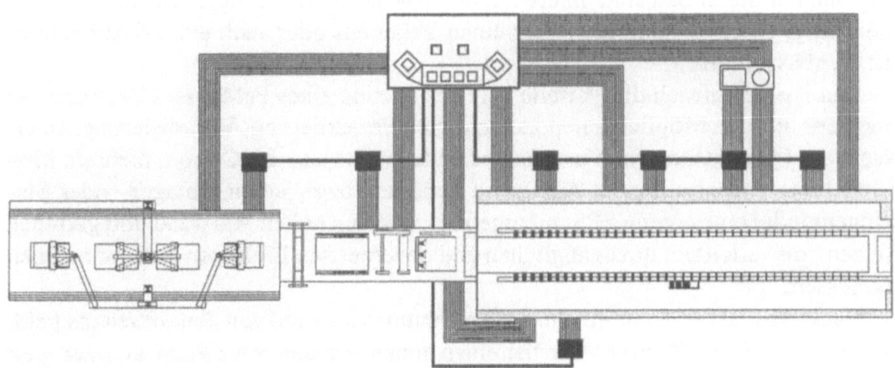

Abbildung 5.7. Feldbuskonzept für eine Holzverarbeitungsanlage

Hier gibt es abhängig vom Bussystem die Möglichkeit quasi eines „zentralen dezentralen“ Aufbaus. Dafür werden immer die maximal für einen Buskoppler mögliche Anzahl von Ein-/Ausgängen (Abb. 5.7) zusammengefaßt, um die Anzahl der teuren Buskoppler gering zu halten. Bei der „dezentral dezentralen“ Lösung verfügt nahezu jeder Sensor- und Aktor über seine eigenen Busanschaltung (integriert oder nicht). Diese verschiedenen Lösungsmöglichkeiten werden in den folgenden Unterpunkten behandelt:

- Anschluß an Buskoppler
- Nutzung von Sensor-Aktor-Bussen
- Direkter Anschluß intelligenter Sensoren/Aktoren.
- Kombination aus zentraler und dezentraler Intelligenz
  Abhängig von den eingesetzten Sensoren/Aktoren und deren Aufgabe bzw. Funktionalität sowie der Anwendung wird eine Kombination aus dezentraler Vorverarbeitung oder Regelung von Teilprozessen mit einer übergeordneten zentralen Steuerung kombiniert.
- Dezentrale verteilte Systeme
  Ziel dieses Aufbaus ist die Verlagerung aller Automatisierungsaufgaben in dezentrale Untersysteme. Wenn eine übergeordnete Koordination notwendig ist, dann eher im Sinne der Kommunikation zwischen unabhängig arbeitenden Zellen beispielsweise von Bearbeitungszentren. Diese Konzepte setzen leistungsfähige Untersysteme voraus und Prozesse, die stark modularisierbar sind und damit die Teilprozesse eine geringen Abhängigkeit voneinander haben, d. h. wenige auszutauschende Daten haben. Ein Beispiel hierfür wird noch in Kapitel 7.3.2 näher erläutert.

Im folgenden werden die verschiedenen Lösungen detailliert behandelt.

5.1.5.1 Zentrales Konzept ohne Feldbuseinsatz

Diese Vorgehensweise entspricht noch am ehesten der klassischen Parallelverdrahtung und nur die SPSen sind untereinander bzw. zu übergeordneten Ebenen der Prozeßleitung, Überwachung usw. über einen Zellenbus oder auch ein industrietaugliches LAN verbunden.

Damit ergeben sich die Vorteile bei der Nutzung eines Feldbusses/Zellenbusses einerseits aus den Möglichkeiten zur zentralen Projektierung, Visualisierung, Überwachung, Qualitätskontrolle usw. sowie andererseits aus der Option, mehrere kleinere SPSen dezentral in der Anlage zu verteilen, bzw. jedem Anlagen- oder Maschinenmodul eine eigene SPS mitzugeben, ohne den hohen Aufwand und geringen Nutzen von verteilten, unzugänglichen und unvernetzten Einheiten in Kauf nehmen zu müssen.

Nachteilig ist der weiterhin hohe Verdrahtungsaufwand von den SPSen ins Feld. Daher sollte dieses Konzept nur bei einer hohen Anzahl von SPSen in einer weit verteilten Anlage gewählt werden oder aber, um eine Altanlage möglichst günstig auf beispielsweise eine Visualisierung aller Prozeßparameter umzustellen.

5.1.5.2 Zentrale Intelligenz mit Feldbuseinsatz

Anschluß an Buskoppler Soll eine Maschine oder Anlage vollständig und durchgängig durch einen einzigen Feldbus vernetzt werden und dabei weiterhin auch normale, d. h. analoge oder unintelligente Sensoren und Aktoren zum Einsatz kommen, um die Projektierung nicht über einen gewissen Grad hinaus zu verändern, bzw. den Preis pro Sensor möglichst niedrig zu halten, so bietet sich die Anbindung

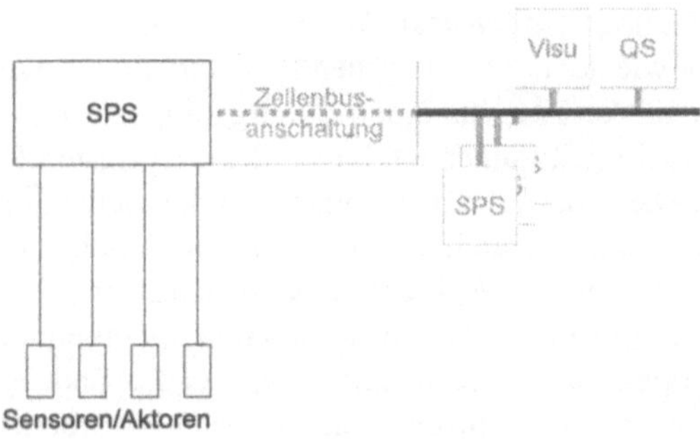

Abbildung 5.8. Verdrahtung direkt ab SPS

über Buskoppler an. Diese stellen eine gewisse Anzahl an Ein- und Ausgängen zur Verfügung, an die sich herkömmliche Sensoren und Aktoren anschließen lassen, und verbindet diese logisch mit dem Feldbus. So können zum Beispiel mehrere digitale Sensoren ohne Feldbusanschluß zu einem Wort zusammengefaßt oder direkt auf einzelne Bits des Buskopplers gelegt werden, der dann als Slave am Bus erscheint.

Durch den vergleichsweise hohen Preis eines solchen Buskopplers, der sich im dreistelligen Bereich bewegt, sollte sich dessen Einsatz eigentlich nur für eine geringe Anzahl von Sensoren und Aktoren empfehlen. Allerdings ist diese Konfiguration durch die Einfachheit und historisch als favorisierte Ausführung der ersten Feldbuskomponenten die bislang noch typische Auslegung in vielen Unternehmen. Eigentlich erweist sich aber in der Regel entweder die Zwischenschaltung von Klemmen oder die Einbindung eines speziellen Sensor-Aktor-Busses als vorteilhafter (siehe unten).

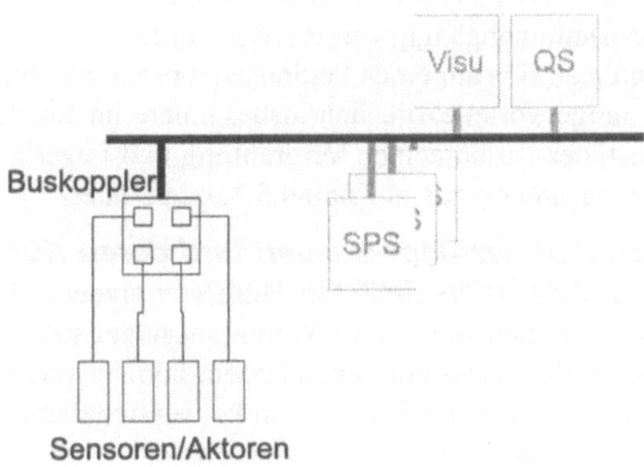

Abbildung 5.9. Anschluß an Buskoppler

Nutzung von Klemmenmodulen Durch die voranschreitende Miniaturisierung von elektronischen wie auch mechanischen Bauelementen sowie die Erkenntnis bei den Herstellern, daß die Zeit für einen durchgängigen Einsatz von intelligenten Feldgeräten noch nicht gekommen ist, bieten die wichtigsten Hersteller Klemmenmodulsysteme an. Diese basieren mechanisch auf den bekannten Klemmen, die zur übersichtlichen und Platz sparenden Verdrahtung im Schaltschrank verwendet wurden und immer noch werden. Während diese bislang zentral lediglich mit elektrischer Leistung versorgt wurden, lassen sie sich nun mit einem Feldbus koppeln. Dazu wird ein Buskoppelmodul des passenden Typs an das Ende eines Klemmenstranges gesetzt und dort mit dem entsprechenden Feldbus verbunden. Dieses Buskoppelmodul wird, leicht mißverständlich, auch als Buskoppler (manchmal, wie bei Inline auch einfach Busklemme) bezeichnet. Allerdings zeigt die Beschreibung schon deutlich den grundlegenden Unterschied. Während bei dem o. g. Buskoppler zwar genauso wie bei diesem Buskoppelmodul ein Feldbus „angekoppelt" wird, stellt der Buskoppler selber Ein- und Ausgänge für den direkten Anschluß von Sensoren und Aktoren zur Verfügung. Dagegen bildet das Buskoppelmodul die Verbindung zum internen Bus, über den die Klemmenmodule kommunizieren; hat aber keine (bis auf Sondervarianten) eigenen Ein- und Ausgänge.

Je nach Hersteller ermöglichen verschiedene Buskoppelmodule an dieser Stelle den Zugang zu unterschiedlichen Feldbussystemen. Während beispielsweise Beckhoff hier selber für Profibus DP, Interbus, Lightbus, DeviceNet, ControlNet und CANopen eine entsprechende Vielfalt anbietet, ist beispielsweise das ET 200S-System von Siemens nur für den Profibus DP ausgelegt. Um andere Feldbusse anzuschließen, ist man hier auf Anbieter angewiesen, die diese Lücke füllen können.

Aus der Flexibilität unterschiedlicher Buskoppelmodule ergibt sich ein ganz wesentlicher Vorteil für Unternehmen, die ihre Maschinen und Anlagen mit wechselnden Feldbustypen ausstatten. Sie brauchen nur ein Modell der Klemmen vorhalten, eine Verdrahtung und Auslegung projektieren und Subsysteme können Steuerungstypen und feldbussystemunabgängig vorgefertigt werden.

Aber auch wenn man sich auf einen Feldbustyp beschränkt, bieten die sehr kompakten Klemmen einige Vorteile, die sich insbesondere im Konzept, in der Modularität, Kompaktheit, der vereinfachten Verdrahtung und Lagerhaltung wiederspiegeln. Die Details dazu sind bereits in Kapitel 5.1.4.2 erläutert.

Verwendung von Sensor/Aktor-Bussen und deren Kopplung an übergeordnete Busse oder eine SPS Mit Hilfe von eigenen Bussen, die auf die direkte Ankopplung von Sensoren und Aktoren ausgelegt sind und sich homogen in die übergeordneten Feldbusse einbinden lassen, können verschiedene Nachteile ausgeräumt werden, die durch den Einsatz von konventioneller E/A bei Feldbussen auftreten. So stehen für sämtliche Sensor/Aktor-Busse, wie den AS-Interface, Interbus Loop oder Installationslokalbus und DeviceNet, vergleichsweise kostengünstige Koppler zur Verfügung, an die in Modulbauweise mehrere Sensoren und Aktoren direkt angeschlossen werden können.

Damit bildet der lokale Sensor/Aktor-Bus eine eigene Einheit, die sich dem Feldbus gegenüber wie ein einzelner Teilnehmer darstellt oder aber auch direkt an

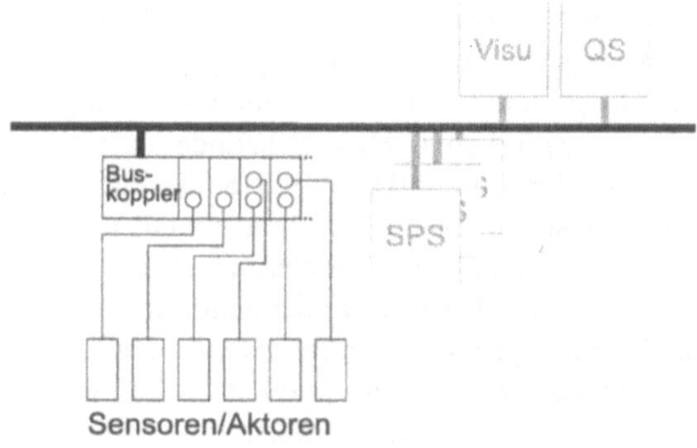

Abbildung 5.10. Nutzung von Klemmenmodulen

eine Steuerung angeschlossen werden kann. Über den Feldbus läßt sich weiterhin auf jeden einzelnen Sensor oder Aktor zugreifen, der entsprechend im Protokoll kodiert wird.

Ein anderer vorteilhafter Aspekt liegt in der Entkopplung vom Feldbus. Da sich die Feldgeräte in einem eigenen Subsystem befinden, beeinflussen diese im Fehlerfall andere am Feldbus angeschlossenen Geräte nicht, sobald der Sensor/Aktor-Bus abgeschaltet ist. Wartung und Reparaturen am Sensor/Aktor-Bus lassen sich dadurch auch im laufenden Betrieb des restlichen Busses durchführen, wenn der Aufbau der Maschine oder Anlage dies zuläßt. Das gleiche Prinzip läßt sich beim Einsatz von intelligenten Feldgeräten auch an einem durchgängigem Feldbus anwenden, indem man Segmente bildet.

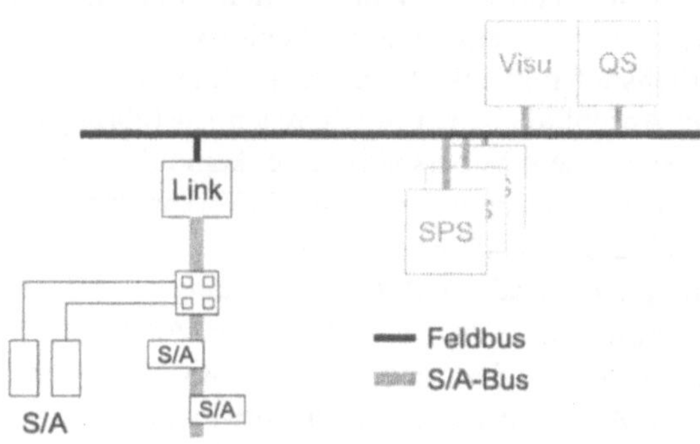

Abbildung 5.11. Verwendung von Sensor/Aktor-Bussen

Direkter Anschluß intelligenter Sensoren und Aktoren Ein durchgängige und homogene Vernetzung von Automatisierungssystemen auf dem letzten Stand der Technik läßt sich durch den direkten Anschluß von intelligenten Sensoren und Aktoren an den Feldbus ermöglichen. Hierbei befindet sich die notwendige Elektronik zur Verbindung und Kommunikation der Sensoren und Aktoren mit dem Feldbus in den Elementen selber. Gegenüber dem Vorteil, keine speziellen Module mehr zwischen den Elementen und dem Feldbus zu haben, wird der größte Nachteil schnell deutlich: Der Preis für jeden Sensor oder Aktor liegt deutlich höher, als man bislang für typische Elemente gewohnt war. Insbesondere bei großen Stückzahlen in einer Anlage oder Maschine wird der konzeptionelle Vorteil schnell von den Kosten verdrängt werden. Und sobald sich beispielsweise Buskoppler als Übergabepunkte für eine einfache Verdrahtung auf einem Anlagenteil mit einer hohen Konzentration von Sensoren günstig plazieren lassen, wird selbst der konzeptionelle Vorteil vernachlässigbar.

Einen weiteren Nachteil kann die Bindung an einen festgelegten Feldbustyp darstellen, wenn der Maschinenhersteller verschiedene Feldbussysteme anbieten will. So steigen die Lagerkosten durch eine erhöhte Variantenvielfalt zusätzlich zu den höheren Grundkosten der Elemente.

Ihre besonderen Vorteile können intelligente Sensoren und Aktoren ausspielen, wenn diese über eine direkte Kommunikation z. B. einfache Regelungsaufgaben selbständig ausführen können und damit übergeordnete Geräte entlasten. So läßt sich eine einfachere und langsamere Variante einer SPS wählen – oder gar ganz auf diese verzichten –, wenn diese einige besonders kritische prozeßnahe Aufgaben nicht wahrnehmen muß. Aber auch hier wird wieder eine Einschränkung deutlich: Besonders in prozeßnaher Umgebung herrschen oftmals Umgebungsbedingungen, die zwar für das Sensorelement unproblematisch sind, aber die nun direkt angebundene Elektronik kann überfordert sein oder muß zumindest für diese Parameter besonders ausgewählt worden sein – und ist damit entsprechend teuer.

Die fortschrittlichste Möglichkeit zur Vernetzung von Sensoren und Aktoren stellt deren direkter Anschluß in einer intelligenten Ausführung an den Feldbus dar. Für die Fertigung bedeutete dies beispielsweise, keine Rücksicht mehr auf Schaltschränke oder -kästen nehmen zu müssen und die Verkabelung auf ein Mindestmaß, nämlich das des Feldbusses, reduzieren zu können.

Dieser höchstmögliche Grad der Dezentralisierung, wie er hier beschrieben wurde, befindet sich allerdings noch in seinen Anfängen. An den erwähnten Nachteilen wird deutlich, daß es sich in den meisten Fällen noch nicht lohnen wird, dieses Konzept einzusetzen. Aber mit der weiteren Entwicklung von Anwendungen, die die besonderen Vorteile nutzen, ist zu erwarten, daß auch mit höheren Stückzahlen und sinkenden Preisen der Einsatz attraktiver werden wird.

In der industriellen Praxis werden Mischformen von direkter Anschaltung intelligenter Sensoren/Aktoren mit Sensor-/Aktorbussystem für digitale Ein-/Ausgänge und Buskoppler bzw. Klemmenmodule eingesetzt, abhängig von der Verfügbarkeit der Sensoren/Aktoren und der räumlichen Ausdehnung sowie Funktionalität.

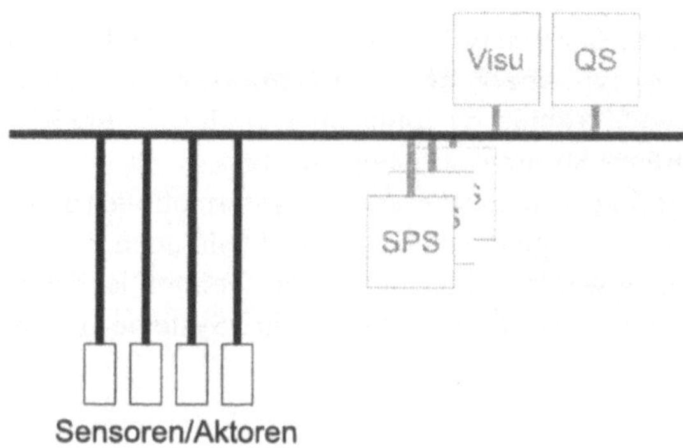

Abbildung 5.12. Anschluß intelligenter Sensoren und Aktoren

5.1.6 Sicherheitsanforderungen und Redundanz

Unter Redundanz wird der Mehraufwand, der für die Funktion eines technischen Systems nicht direkt nötig ist, verstanden. Das Einfügen von Redundanz in ein System ist die gebräuchlichste Möglichkeit zur Erhöhung der Zuverlässigkeit; dies kann auf Bauelemente oder Geräteebene erfolgen.

Zur Realisierung von redundanten Bussystemen gibt es mehrere Möglichkeiten:

1. Die Installation eines kompletten zweiten Stranges mit zusätzlichen E/A-Modulen und Sensoren. Dies ist in der Regel wirtschaftlich nicht akzeptabel.
2. Die Installation eines redundanten Busstrangs. Dies ist beispielsweise mit ControlNet möglich.
3. Ein fehlertolerantes System, beispielsweise von Phoenix Contact. Diese verstehen unter Fehlertoleranz, „daß wesentliche Anlagenteile durch doppelte, redundante Auslegung auch bei Ausfall von Teilkomponenten fehler- und unterbrechungsfrei weiterarbeiten" [40].
   Realisiert wird diese Eigenschaft durch den Einsatz von zwei Bussträngen und zwei Busanschaltungen in der Steuerung (zwei Master). Die beiden Busstränge können in der Busklemme wieder zusammengeführt werden. Außerdem beinhaltet diese spezielle Busklemme noch die Möglichkeit eines Notbetriebs.

Weitere Hinweise zu Redundanz in Automatisierungssystemen findet man z. B. in [38].

Außer diesen Anforderungen stellt sich noch die Anforderung zur Realisierung von Not-Aus-Kreisen. Diese müssen heute in der Regel hardwaremäßig ausgeführt werden. Neue Entwicklungen allerdings versuchen auch für diese sensible Aufgabe Feldbusse einzusetzen. So hat PILZ ihr sicherheitsgerichtetes System SafetyBUS p (Informationen unter `www.pilz.de`) für die Kategorie 4 nach EN 954-1 und AK 6 nach DIN V 19250 ausgelegt, um so eine Anwendung zur Vernetzung von Not-Aus-Kreisen und anderen sicherheitsgerichteten Komponenten, wie SPSen, Lichtgittern usw., zu ermöglichen. Der SafetyBUS p ist ein offenes Multi-Master-Bussystem linearer Topologie, der typische technische Daten, wie eine maximale Übertragungsgeschwindigkeit von 500 kbit/s, 64 Teilnehmer, 1008 sicherere E/A-Punkte und eine in das Kabel integrierte Stromversorgung mitbringt.

Da bislang allerdings kaum weitergehende Informationen und noch keine Erfahrungen in der Praxis vorliegen, kann an dieser Stelle noch keine Bewertung dieser Option vorgenommen werden. Aber mit diesem Vorstoß ist damit zu rechnen, daß auch weitere Hersteller diese Anwendung für ihre Systeme vorsehen werden.

5.2 Anforderungen durch die Branche

Bisher wurden die verschiedenen Automatisierungskonzepte erläutert und allgemeine Anforderungen in Form des morphologischen Kastens systematisiert.

Die branchenabhängigen Anforderungen werden im folgenden beispielhaft behandelt. Dazu soll die industrielle Kommunikation soll für unterschiedliche Anwendungsbereiche zunächst in drei typische Anforderungsebenen unterteilt werden. Die hierfür allgemein übliche Pyramidendarstellung zeigt Abb. 2.1 für verschiedene Anwenderbranchen sowie Abb. 5.13 speziell für die Fertigungs- und Prozeßautomatisierung.

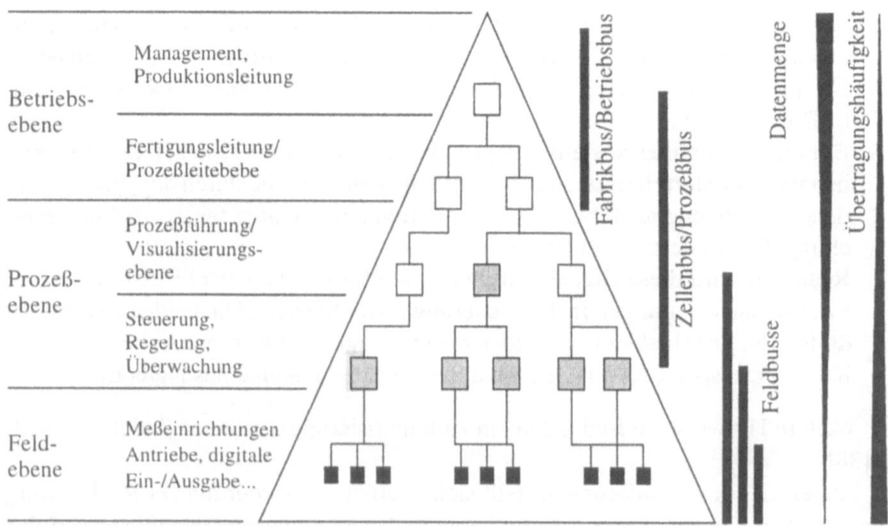

Abbildung 5.13. Kommunikation im Bereich der Fertigungs- und Prozeßautomatisierung (in Anlehnung an VDE/VDI 3687)

- Einteilung in Fabrik-, Zell- und Feldebene im Bereich der Fertigungsautomatisierung
- Einteilung in Betriebs-, Prozeß- und Feldebene im Bereich der Prozeßautomatisierung
- Zuordnung typischer Kommunikationsaufgaben zu den drei Ebenen
- Einsatzbereich der Feldbussysteme (schraffierte Kästchen)
- Zusammenhang zwischen Übertragungshäufigkeit, Datenmenge und Ebenen (Abb. 5.13).

Innerhalb des Feldbusbereiches kann zwischen Anwendungen zur Vernetzung von Automatisierungsgeräten/-systemen und solcher zur Vernetzung von Sensoren und Aktoren unterschieden werden.

Dabei werden typisch als System betrachtet:

- Steuerungen
- Bedien- und Anzeigegeräte inkl. PCs
- Antriebssysteme
- Meß- und Überwachungsgeräte.

Zur Sensor-/Aktorebene zählen:

- binäre Sensoren und Aktoren,
- einfache analoge Sensoren und Aktoren sowie
- Einzelantriebe.

5.2.1 Maschinenbau

Die betrachtete Anwendung im Maschinenbau ist nicht fertigungsorientiert im Sinne eines Stückgutprozesses. Dennoch sollen zunächst die in der VDI/VDE 3687 für die Fertigungsautomatisierung aufgestellten Anforderungen erläutert werden (Tabelle 5.1). Hervorzuheben ist hier die kurze Reaktionszeit von unter 10 ms auf der Maschinenebene.

Die hier durchgeführte Betrachtung stellt weniger den fertigungstechnisch orientierten Stückgutprozeß in der Vordergrund, sondern eher den Fließprozeß z. B. bei einer kontinuierlich arbeitenden Hydraulikpresse (siehe auch Kapitel7.2). Daraus ergibt sich eine veränderte Anforderungsliste entsprechend Tabelle 5.2.

Die bestehenden Aufgabenbereiche und Anforderungen im Maschinenbau (z. B. Holzbearbeitungsmaschinen oder kleine Hydraulikpressen) sind durch eine geringe Material- bzw. Informationsflußverkettung gekennzeichnet. Insofern ergeben sich kaum Anforderungen an die Fertigungsleitebene/Prozeßleitebebe.

Diese Maschinen werden im Gegensatz zu den in Kapitel 5.2.2 behandelten Anlagen oft Stand-alone aufgestellt. Dies wirkt sich insbesondere bei den nichttechnischen Kriterien aus.

Gegenstand der Betrachtung soll im wesentlichen die Steuerungs- und Regelungsebene sowie die Prozeßebene sein. Der morphologische Kasten zeigt eine hohe

Anwendungsebene	Aufgaben/Funktionen	Typische Geräte	Charakteristische Anforderungen	Geeignete Kommunikationssysteme
Fabrikleitebene (Betriebsleitebene)	• Auftragsverwaltung • Konstruktion • PPS • Bestandsführung • Nachdisposition • Istdatenerfassung	• Workstations • Server • Mittlere Datentechnik	• Reaktionszeiten <10s • Große Datendurchsätze • Kommunikationsfähigkeit mit untergelagerten Systemen • WAN-Anwendungen im Firmenverbund	• Werksverbund über inhomogene Netze (Telecom/WAN)
Fertigungsebene (Prozeßleitebene)	• Istdatenerfassung • Anlagenvisualisierung • Datenarchivierung • Stammdatenverwaltung • Kommunikation mit Host	• Industrieterminal • Scanner, BDE-Geräte • PC, Industrie-PC • Server, Netzwerkanbindung	• Reaktionszeiten bis <100ms • Zustandsabhängige Kommunikation zwischen eher gleichberechtigten Teilnehmern • Mittlere Datensätze wechselnder Länge • Feste Teilnehmerkonfiguration, zusätzlich wechselnde Teilnehmer • Gleichberechtigter Buszugriff für alle Teilnehmer, Querverkehr • Kommunikation mit überlagertem System	• Kommunikations- (Nachrichten-) orientierte Feldbusse • Lokale Netze, LAN • Gateways für den Verbund unterschiedlicher Einzelnetze
Maschinen- und Anlagenebene (Feldebene)	• Erfassen von analogen und digitalen Signalen • Steuerung von Einzelmaschinen, Transportanlagen • Meß- und Identifikationseinrichrungen	• Binäre Sensoren und Aktoren • Analoge Sensoren und Aktoren • Antriebssteuerungen, Antriebstechnik • Bedien- und Anzeigegeräte • SPS/CNC/NC	• Reaktionszeiten bis <10ms • Häufig zyklische Übertragung, Abtastung • Überwiegend kurze Datensätze • Meist feste Teilnehmerkonfiguration • Störsichere Übertragung bis 500m • Dezentraler Buszugriff • Kommunikation mit überlagerten Ebenen	• Schnelle Sensor-/Aktor-Bussysteme • Feldbusse mit geringem Protokollaufwand • Hochzuverlässige Feldbusse

Tabelle 5.1. Aufgabenbereiche und Anforderungen in der Fertigungsautomatisierung, VDI/VDE3687 [45]

Anwendungsebene	Aufgaben/Funktionen	Typische Geräte	Charakteristische Anforderungen	Geeignete Kommunikationssysteme
Prozeßleitebebe	• Datenarchivierung	• PC, Industrie-PC	• Reaktionszeiten bis <1 s • Kommunikation mit überlagertem System	• Lokale Netze, LAN • Gateways für den Verbund unterschiedlicher Einzelnetze
Visualisierungsebene	• Maschinenvisualisierung	• PC, Industrie-PC	• Reaktionszeiten bis <500ms • Zustandsabhängige Kommunikation zwischen eher gleichberechtigten Teilnehmern • Mittlere Datensätze wechselnder Länge • Feste Teilnehmerkonfiguration, zusätzlich wechselnde Teilnehmer • Gleichberechtigter Buszugriff für alle Teilnehmer, Querverkehr	• Steuerungs- und Zellenbusse
Steuerungs- und Regelungsebene	• Steuern und Regeln	• Bedien- und Anzeigegeräte • SPS • Prozeßrechner	• Reaktionszeiten <50 ms • Überwiegend kurze Datensätze • Meist feste Teilnehmerkonfiguration	• Steuerungs- und Zellenbusse
Prozeßebene	• Erfassen von analogen und digitalen Signalen • Meß- und Identifikationseinrichrungen	• Binäre Sensoren und Aktoren • Analoge Sensoren und Aktoren • Antriebssteuerungen, Antriebstechnik	• Reaktionszeiten bis <5ms • Häufig zyklische Übertragung, Abtastung • Dezentraler Buszugriff	• Schnelle Sensor-/Aktor-Bussysteme • Feldbusse mit geringem Protokollaufwand • Hochzuverlässige Feldbusse

Tabelle 5.2. Aufgabenbereiche und Anforderungen im Maschinenbau, angepaßt auf Holzbearbeitungsmaschinen und kleine Pressensysteme

Anzahl I/O	< 250	< 1000	1000 - 3000	> 3000			
Verhältnis A/D zu I/O	1:10	1:4	1:2	1:1	2:1	4:1	
Anlagenausdehnung [m]	40	150	1000	>1km			
Konzentration [I/O pro 50m]	4	32	100	500	Mischungen		
Modularität / Granularität für > 50%	< 2	2-4	5-8	8-16	>16	Mischungen	
Spezialgeräteanschaltung	keine	gering	viele	überwiegend			
minimale Zykluszeit Bus in [ms]	< 1	5 ≥ ≥ 1	10 > ≥ 5	50 > ≥ 10	100 > ≥ 50	>1	>10
minimale Zykluszeit Steuern, Regeln, Pos. in [ms]	< 1	5 ≥ ≥ 1	10 > ≥ 5	50 > ≥ 10	100 > ≥ 50	>1	>10
Echtzeitanforderungen	keine	bedingt	absolut				
Feldgeräte	digitale I/O	digitale + analoge I/O	intelligente Feldgeräte (mit MP)	Meßgeräte	Teilmaschinen		
Modulare Maschinen / Funktionen	nicht vorhanden	bedingt vorhanden	nahezu komplett	< 5 Signale zum Austausch, Verkettung			
Notwendige Redundanz	keine	Steuerung	Bus	I/O-Ebene			
Temperatur °C – Einsatzort	0 bis +30	-20 bis +40	< -20 bis > +40				
Temperatur °C – Umgebung	0 bis 40	-10 bis +55	-20 bis +75	<-20 und > +75			
Feuchte [%]	< 75	76 bis 89	90 bis 95	> 95			
Ex-Bereich, sonstige Normen	VDE/DIN	UL, NEMA, CSA, Austral. Standard	sonstige	Ex-Bereich			
Standardisierung	gering/kunden-spezifisch	Kunde wählt SPS aus	Varianten-konstruktion	hoch, nur Standard			
EMV (Störfestigkeit) EN 50082	Industriebereich	Wohnbereich	Hochempfindliche Meßgeräte + FU				
Sicherheitskategorie EN 954-1	1	2	3	4			
Anlagenverfügbarkeit	2-Schichtbetrieb	85 bis 95 %	95 bis 98 %	> 98%			
Service weltweit	unwichtig	wichtig	12 h Service	24 h Service			
Ersatzteile weltweit	unwichtig, da selber gelagert	wünschenswert, Marketingargument	notwendig, da nicht vorhanden				
Marktdurchdringung im Lieferland	unwichtig	wichtig	nur Marktführer				
Einheitlichkeit der Systeme	unwichtig	technisch bestes System	wo technisch sinnvoll	alles aus einer Hand			
Herstellkosten	unwichtig	wichtig	kaufentscheidend				
Betriebskosten	noch nicht vertrieblich genutzt, wichtig	Kaufentscheidung nach Wartungskosten/	Bedienbarkeit				
Qualifizierungsniveau							
Operator	angelernt, starke Fluktuation	angelernt, Berufserfahrung	Facharbeiter	Erfahrener Facharbeiter			
Wartungspersonal	angelernt	Facharbeiter	Ingenieur				

Abbildung 5.14. Morphologischer Kasten für den Maschinenbau

Anzahl von digitalen zu analogen Ein-/Ausgängen, die in einer geringen Ausdehnung und mittlerer Konzentration vorliegen.

Die Granularität ist ebenfalls durchschnittlich. Die Forderung an die Baugröße (nicht größere Klemmenkästen als die bisherigen Zwischenkästen) bedingen jedoch den Einsatz der klemmenorientierten Module. Allerdings sind die Zykluszeitanforderungen aufgrund schneller Regel- oder Positioniervorgänge vergleichsweise hoch. Die Verkettung zu anderen Maschinen ist recht gering, die Verknüpfungstiefe dabei ebenfalls gering. Es handelt sich in der Regel um autonome Maschinen oder Funktionen. Die Anforderungen von der Umgebung sind eher gering, da diese Maschinen typischerweise in Gebäuden stehen und somit nicht den extremen klimatischen Schwankungen ausgesetzt sind. Für beispielsweise Kohlebagger würde diese Eingliederung unzutreffend sein.

Die Aufstellung erfolgt in Industriebereichen. Da es sich um eine Maschine und keine Anlage handelt, ist davon auszugehen, daß die Standardisierung hoch sein wird.

Feldbussysteme	**Ebenenzuordnung**			**Automatisierungsbereich**
	Zelle	Feld	S.A.	Maschinenbau
ARCNET	X			X
AS-Interface			X	X
BITBUS	(X)	(X)		(X)
CAN		X	X	X
Device-Net		X	X	X
DIN-Meßbus		(X)	(X)	(X)
EIB				
FIELDBUS	X	X		X
FIP	X	X		X
HART		(X)	(X)	
InterBus		X	X	X
LON		X	X	
P-NET		(X)	(X)	(X)
PROFIBUS-DP		X	X	X
PROFIBUS-FMS	X	X		X
PROFIBUS-PA		(X)	(X)	
Smart Distributed System			(X)	(X)
SERCOS interface		X	(X)	X

(X) Einsatz „bedingt gegeben“, nicht typisch
S.A. = Sensor-Aktor

Tabelle 5.3. Bussysteme für den Maschinenbau, in Anlehnung an [45]

Die nicht-technischen Kriterien zeigen einen erheblichen Unterschied zwischen Maschine und Anlage. Die Maschine ist aufgrund ihrer Variantenkonstruktion (im Sondermaschinenbau) vorgetestet und die Funktionen sind vielfach bewährt. Die Herstellungskosten sind oft kaufentscheidend, da bei den Betriebskosten durch die Elektroausrüstung keine wesentlichen Einsparungen zu erwarten sind (Voraussetzung ist der gleiche Automatisierungsgrad). Beim Ausfall einer Komponente ist diese nur auszutauschen; der Betreiber nimmt in der Regel keine Modifikationen an der Maschine oder deren Automatisierungstechnik vor.

Insofern trifft man die Forderung, nur dem Kunden bekannte Steuerungen einzusetzen, selten an. Auch die Forderung nach Modifizierbarkeit der Steuerungs- und Regelungssoftware stellt sich nicht. Damit entfällt für den Maschinenhersteller die Forderung, verschiedene SPS-Systeme einzusetzen und damit auch die hohe Priorität von verschiedenen Busanschaltungen für die unterschiedlichen Steuerungen. Die Auswahl des Feldbussystems ist also wesentlich freier möglich.

5.2.2 Anlagenbau

Unter einer technischen Anlage wird nach DIN 66201 „die Gesamtheit der technischen Einrichtungen zur Durchführung von technischen Prozessen" definiert. Anzumerken bleibt, daß dazu auch Geräte, Apparate, Transporteinrichtungen und andere Betriebsmittel gehören.

Kriterium	Ausprägung						
Anzahl I/O	< 250	< 1000	1000 - 3000	> 3000			
Verhältnis A/D zu I/O	1:10	1:4	1:2	1:1	2:1	4:1	
Anlagenausdehnung [m]	40	150	1000	>1km			
Konzentration [I/O pro 50m]	4	32	100	500	Mischungen		
Modularität / Granularität für > 50%	< 2	2-4	5-8	8-16	>16	Mischungen	
Spezialgeräteanschaltung	keine	gering	viele	überwiegend			
minimale Zykluszeit Bus in [ms]	< 1	5 ≥ ≥ 1	10 > ≥ 5	50 > ≥ 10	100 > ≥ 50	>1 s	>10 s
minimale Zykluszeit Steuern, Regeln, Pos. in [ms]	< 1	5 ≥ ≥ 1	10 > ≥ 5	50 < ≥ 10	100 < ≥ 50	>1 s	>10 s
Echtzeitanforderungen	keine	bedingt	absolut				
Feldgeräte	digitale I/O	digitale + analoge I/O	intelligente Feldgeräte (mit MP)	Meßgeräte	Teilmaschinen		
Modulare Maschinen / Funktionen	nicht vorhanden	bedingt vorhanden	nahezu komplett	< 5 Signale zum Austausch, Verkettung			
Notwendige Redundanz	keine	Steuerung	Bus	I/O-Ebene			
Temperatur °C – Einsatzort	0 bis +30	-20 bis +40	< -20 bis > +40				
Temperatur °C – Umgebung	0 bis 40	-10 bis +55	-20 bis +75	<-20 und > +75			
Feuchte [%]	< 75	76 bis 89	90 bis 95	> 95			
Ex-Bereich, sonstige Normen	VDE/DIN	UL, NEMA, CSA, Austral. Standard	sonstige	Ex-Bereich			
Standardisierung	gering/kundenspezifisch	Kunde wählt SPS aus	Variantenkonstruktion	hoch, nur Standard			
EMV (Störfestigkeit) EN 50082	Industriebereich	Wohnbereich	Hochempfindliche Meßgeräte + FU				
Sicherheitskategorie EN 954-1	1	2	3	4			
Anlagenverfügbarkeit	2-Schichtbetrieb	85 bis 95 %	95 bis 98 %	> 98%			
Service weltweit	unwichtig	wichtig	12 h Service	24 h Service			
Ersatzteile weltweit	unwichtig, da selber gelagert	wünschenswert, Marketingargument	notwendig, da nicht vorhanden				
Marktdurchdringung im Lieferland	unwichtig	wichtig	nur Marktführer				
Einheitlichkeit der Systeme	unwichtig	technisch bestes System	wo technisch sinnvoll	alles aus einer Hand			
Herstellkosten	unwichtig	wichtig	kaufentscheidend				
Betriebskosten	noch nicht vertrieblich genutzt, wichtig	Kaufentscheidung nach Wartungskosten/	Bedienbarkeit				
Qualifizierungsniveau							
Operator	angelernt, starke Fluktuation	angelernt, Berufserfahrung	Facharbeiter	Erfahrener Facharbeiter			
Wartungspersonal	angelernt	Facharbeiter	Ingenieur				

Abbildung 5.15. Morphologischer Kasten für den Anlagenbau

Die technischen Kriterien sind durch eine große Anlagenausdehnung, mit einer Mischung aus hoher und niedriger Konzentration an Ein- und Ausgängen sowie extremen Anforderungen durch die Umgebung, gekennzeichnet. Teile der Anlage sind häufig im Freien aufgebaut und damit den entsprechenden klimatischen Einflüssen im Aufstellungsland ausgesetzt. Die Zeitanforderungen sind in der Regel nicht so hoch, weil keine Positionieraufgaben durchzuführen sind und die Echtzeitanforderungen beispielsweise durch schnelle Regelungen in Einzelmaschinen, die als Teil in die Anlage eingebracht werden, bereits gewährleistet ist.

Die unterschiedliche Konzentration der Ein-/Ausgänge läßt über dieses Kriterium keine Rückschlüsse auf ein Feldbussystem zu. Für geringe Konzentrationen sind in der Regel die klemmenorientierten Bussysteme im Vorteil, während bei der hohen Konzentration oft die herkömmlichen 8/16-kanaligen Module Preisvorteile bieten. Die Anlagenausdehnung bedingt jedoch den Einsatz von Systemen mit hohen Reichweiten und damit die relativ niedrigen Datenraten.

Aufgrund des Prototypencharakters, und der Tatsache, daß der Anlagenaufbau erst vor Ort erfolgt und die Installationsplanung oft schnelle Anpassungen erfordert, sind hier sichere Lösungen mit ausreichender Reserve vorzuziehen.

Die Bauform (Größe) der Module ist nicht relevant. Wichtig ist die notwendige Reserve an Ein-/Ausgängen entlang der gesamten Anlage. So werden typischerweise im Anlagenbau Reserven von 20% für die Anzahl der Ein-/Ausgänge vorgeschrieben. Eine optimale und kanaloptimale Auslegung ist also nicht gefordert.

Die Anlagen können zu Testzwecken erst im Zielland beim Kunden errichtet werden, mit der Folge, daß die kompletten Funktionstests und Funktionsnachweise auch erst dort erfolgen können.

Des weiteren handelt es sich nicht mehr um Sondermaschinenbau mit entsprechend neuen Varianten der prinzipiell gleichen Basiskonstruktion, sondern um neu und erstmals in dieser Form zusammengestellte Maschinenkombinationen, die einem Prototypen entsprechen. Die Einflüsse des Kunden bei der Auslegung einer solchen Anlage, sind häufig wesentlich höher als im Maschinenbau.

Im Vergleich zum Maschinenbau sind die Herstellkosten zwar wichtig, kaufentscheidend sind jedoch die Betriebskosten und die gute Bedienbarkeit mit wenig qualifiziertem Personal, das oft nur angelernt ist.

Die Eingriffe des Kunden in bestehende Anlagen sind aufgrund des Prototypencharakters und der Tatsache, daß die Kunden häufig die Verfahrenstechnik beherrschen und optimieren wollen, wesentlich höher als im Maschinenbau. Aus diesem Grund werden die Eingriffsmöglichkeiten und damit die Verwendung von bekannten Automatisierungskomponenten wesentlich höher bewertet.

Diese kunden- bzw. länderspezifischen Forderungen nach bestimmten Automatisierungsgeräten, bewirkt für den Anlagenhersteller ein hohe Flexibilität beim Einsatz verschiedener Steuerungen oder Antriebskomponenten.

Da der Konstruktionsaufwand im Anlagenbau einen hohen Anteil der Herstellungskosten darstellt, werden Automatisierungssysteme gesucht, die es erlauben, die gleichen Busklemmen mit verschiedenen SPS-Typen einzusetzen (vgl. Kapitel 6.3).

Die Kundenvorschriften gehen hier unterschiedlich weit:
fast immer: SPS-Festlegung (Herstellerauswahl)
häufig: zusätzliche Auswahl des Feldbussystems
selten: Festlegung der Klemmenmodule.

Aus dieser Festlegung ergibt sich die Forderung, möglichst die gleichen Klemmenmodule einzusetzen, die mit den unterschiedlichen Feldbussen und Steuerungen kombinierbar sind. Allerdings ergibt sich beim Einsatz der verschiedenen Feldbusse die Problematik der Anbindung von intelligenten, regelbaren Antrieben. Diese Antriebskomponenten werden meist nur für einige ausgewählte Bussysteme geliefert (vgl. Tab. 5.4).

Antriebssystem	Bussystem			
	Profibus DP	CAN	Interbus	sonstige
Masterdrive (Siemens)	Siemens	Siemens	REFU	—
SEW Eurodrive	X	—	X	—
Rockwell	—	DeviceNet	—	—

Tabelle 5.4. Beispielhafte Zusammenstellung von Antriebssystemen

Die Auswahl des Feldbussystems ist somit häufig die Entscheidung für das geringste Übel oder das kleinste gemeinsame Vielfache der anzubindenden Endgeräte (siehe Tab. 5.5), da in der Regel anlagenweit das gleiche Bussystem eingesetzt werden soll (Ersatzteilhaltung, Einfachheit der Wartung).

Komponente	Zellenbus A	Zellenbus B	Feldbus A	Feldbus B	Feldbus C
Visualisierungssystem/ Treiber	X	X	—	—	—
Meßgeräte	X	—	—	—	—
SPS	X	X	X	—	X
CNC/Prozeßrechner	—	—	—	X	X
Antriebssysteme	—	—	X	—	X
spezielle Sensoren / Aktoren	—	—	—	X	—
Auswahl:	X				X

Tabelle 5.5. Anzubindende Endgeräte (Beispiel)

Tabelle 5.6 zeigt die Aufgabenbereiche und Anforderungen für Kommunikationssysteme in der Anlagenautomatisierung.

5.2.3 Chemische Industrie und Verfahrenstechnik

Der Begriff Prozeßautomatisierung steht im folgenden für die Automatisierung von chemisch- und verfahrenstechnischen Produktionsbetrieben mit den Mitteln der

Prozeßleittechnik zur Überwachung und Führung des Prozesses. In Abhängigkeit des zu automatisierenden Prozesses (kontinuierlich, diskontinuierlich bzw. Mischformen), variieren die Feldinstrumentierungen und damit die Anforderungen an die Kommunikation in diesem Bereich. Die Begriffsfestlegung ist in Abb. 5.7 verdeutlicht.

Gerade im Bereich der Chemie und Verfahrenstechnik haben sich die automatisierungstechnischen Lösungen in den letzten Jahren stark verändert. Während bis 1990 die Prozeßleitsysteme großer Hersteller (z. B. Foxboro mit der Foxboro I/A Series, Honeywell mit dem System TDC 3000, Siemens mit dem Teleperm M System und ABB) den Markt beherrschten, wurden in den folgenden Jahren auch auf Standardhard- und software basierende Systeme eingeführt. Beispielhaft ist hierfür das Siemens-System PCS7. Die Steuerungswelt und die Prozeßautomatisierungswelt wachsen deutlich zusammen. Auch wenn die Anwendungen sehr unterschiedlich sind, können mittlerweile die Produktlinien der großen Hersteller auf den gleichen Basiskomponenten aufgebaut werden. Beispielhaft sei hier wieder die Lösung von Siemens angeführt. Die PCS7 basiert auf der Basisentwicklung der S7-Steuerung und der M7 (PC-basiertes Automatisierungsgerät) sowie des integrierten HMI-Systems WinCC [13]. Die stark herstellerspezifischen Feldbussysteme werden aufgrund des Wandels zu Standardhardware durch offene, standardisierte Feldbusse zunehmend abgelöst.

Auch spezielle Anbieter von PC-basierten Softwarepaketen können berücksichtigt werden, wenn sie eine spezielle Anforderungen, wie z. B. die kundenauftragsbezogenen Rezepturverarbeitung mit Schnittstellen zur Produktionsplanung, besonders günstig realisiert haben [24].

Der Einzug klassischer und PC-basierter Steuerungstechnik in die Verfahrenstechnik, verändert die Möglichkeiten der einsetzbaren Feldbusse wesentlich, wenn auch die speziellen Anforderungen aus dem Prozeß erhalten bleiben. Diese Anforderungen sollen zunächst betrachtet werden.

Klassischer Weise wurden im Feldbereich die Prozeßdaten in Prozeßstationen zusammengefaßt und untereinander zu Knoten vernetzt, wobei die räumliche Ausdehnung der Anlage und die Datenmenge die Anzahl der Knoten bestimmt. Für die Prozeßdatenerfassung kommen neben Aktoren und Sensoren auch intelligente Systeme wie Waagensteuerungen, Probennehmer- und Analyseeinrichtungen sowie Steuerungen von Verpackungs- und Transporteinrichtungen zum Einsatz. Dadurch ergibt sich für die Prozeßleitsysteme die Notwendigkeit, eine Vielzahl meist serieller Schnittstellen verarbeiten zu können.

Nach dem Ebenenmodell wird die Prozeßautomatisierung in eine Feld-, Prozeßleit- und Betriebsleitebene unterteilt, wobei diese Ebenen systemtechnisch weitgehend voneinander autark aufgebaut sind (Tabelle 5.9).

Die Eigensicherheit einer Feldbusausführung ist für den Einsatz in der Prozeßindustrie oft eine notwendige Bedingung, ebenso die Übertragung der Hilfsenergie über das Buskabel.

Die Anzahl der Busteilnehmer variiert stark und das Netz kann sich, je nach Anlagengröße, von hundert Metern bis zu einigen Kilometern ausdehnen. Die zeit-

Anwendungsebene	Aufgaben/Funktionen	Typische Geräte	Charakteristische Anforderungen	Geeignete Kommunikationssysteme
Betriebsleitebene	• Auftragsverwaltung • PPS (Produktionsplanung) • Anlagenoptimierung (Statistik) • Auswertung der Prozeß- und Produktionsdaten • mittel- und langfristige Datenarchivierung • Ersatzteilverwaltung	• Workstations • Server • mittlere Datentechnik	• Reaktionszeiten < 10 s • große Datensätze • Kommunikationsfähigkeit mit unterlagerten Systemen • WAN-Anwendungen im Firmenverbund möglich	• Werksverbund über inhomogene Netze (Telekom/WAN)
Produktionsleitebene (Prozeßleitebene)	• Istdatenerfassung • Anlagenvisualisierung • Datenarchivierung • Stammdatenverwaltung • Systemankopplung an Betriebsleitrechner (PC)	• Scanner, • PC,Industrie-PC • Server, Netzwerkanbindung	• Reaktionszeiten bis < 100 ms • zustandsabhängige Kommunikation zwischen eher gleichberechtigten Teilnehmern • mittlere Datensätze wechselnder Länge • feste Teilnehmerkonfiguration, zusätzlich wechselnde Teilnehmer • Erweiterbarkeit • Anzahl Teilnehmer-E/A-Punkte 2000-8000 • Dezentrale Teilmaschinen / Teilaggregate • gleichberechtigter Buszugriff für alle Teilnehmer, Querverkehr • Kommunikation mit überlagerten Systemen	• Kommunikations- (Nachrichten-) orientierte Feldbusse • lokale Netze, LAN • Gateways für den Verbund unterschiedlicher Einzelnetze

Maschinen- und Anlagen-ebene (Feld-ebene)	• Erfassen von analogen und digitalen Signalen • Steuerung von Einzelmaschinen, Transportanlagen • Meß- und Identifikationseinrichtungen	• binäre Sensoren und Aktoren • analoge Sensoren und Aktoren • Antriebssteuerung, Antriebsregelungen • Bedien- u. Anzeigegeräte • SPS • Prozeßrechner • sicherheitsgerichtete Steuerungen • Fremdgeräte (Waagen usw.)	• Reaktionszeiten bis < 10 ms • häufig zyklische Übertragung, schnelle Abtastung • überwiegend kurze Datensätze • meist feste Teilnehmerkonfiguration • störsichere Übertragung bis 500m • dezentraler Buszugriff • sichere Übertragungseigenschaften • funktionsspezifische Übertragungszyklen • EMV-Problematik • Anschaltung und Entfernung von Teilnehmern bei laufendem Busbetrieb (Hot-swapping)	• schnelle Sensor-/Aktor-Bus-Systeme • Feldbusse mit geringem Protokollaufwand • hochzuverlässige Feldbusse

Tabelle 5.6. Aufgabenbereiche und Anforderungen für die Anlagenautomatisierung, in Anlehnung an VDI/VDE 3687

Prozeß, process	DIN 66 201	Eine Gesamtheit von aufeinander einwirkenden Vorgängen in einem System*, durch die Materie, Energie oder Information umgeformt, transportiert oder gespeichert wird. Anmerkung: Durch geeignete Abgrenzungen des Systems können Teilprozesse oder umfassende Prozesse festgelegt werden.
technischer Prozeß, technical process	DIN 66 201	Ein Prozeß, dessen physikalische Größen mit technischen Mitteln erfaßt und beeinflußt werden können. Technische Prozesse können eingeteilt werden in Erzeugungs-, Verteilungs- und Aufbewahrungsprozesse (siehe auch DIN 19 222 (z.Z. noch Entwurf)). Anmerkung: Physikalische Größen eines technischen Prozesses sind die in DIN 19 229 definierten Zustands-, Eingangs- und Ausgangsgrößen.

Tabelle 5.7. Prozeßdefinitionen aus verschiedenen Normen

Feldbussysteme	Ebenenzuordnung				Automatisierungsbereich
	Betrieb	Prozeß	Feld	S.A.	Prozeß (Fließgüter)
ARCNET		X			X
AS-Interface				X	(X)
BITBUS		X	X		X
CAN			X	X	X
Device-Net			X	X	
DIN-Meßbus			X	X	X
EIB				X	
FIELDBUS		X	X		X
FIP		X	X		X
HART			X	X	X
InterBus-S			X	X	(X)
LON			X	X	X
P-NET			X	X	X
PROFIBUS-DP			X	X	
PROFIBUS-FMS		X	X		X
PROFIBUS-PA			X	X	X
Smart Distributed System				X	
SERCOS interface			X	(X)	

(X) Einsatz „bedingt gegeben“, nicht typisch
S.A. = Sensor-Aktor

Tabelle 5.8. Bussysteme der Prozeßautomatisierung [45]

lichen Anforderungen reichen von einigen Millisekunden bis zu Minuten, wobei einerseits der Prozeß selbst und andererseits Sicherheitsanforderungen (Abschaltungen) diese Grenzen bestimmen.

Kriterium	Ausprägung						
Anzahl I/O	< 250	< 1000	1000 - 3000	> 3000			
Verhältnis A/D zu I/O	1:10	1:4	1:2	1:1	2:1	4:1	
Anlagenausdehnung [m]	40	150	1000	>1km			
Konzentration [I/O pro 50m]	4	32	100	500	Mischungen		
Modularität / Granularität für > 50%	< 2	2-4	5-8	8-16	>16	Mischungen	
Spezialgeräteanschaltung	keine	gering	viele	überwiegend			
minimale Zykluszeit Bus in [ms]	< 1	5 ≥ ≥ 1	10 > ≥ 5	50 > ≥ 10	100 > ≥ 50	>1	>10
minimale Zykluszeit Steuern, Regeln, Pos. in [ms]	< 1	5 ≥ ≥ 1	10 > ≥ 5	50 > ≥ 10	100 > ≥ 50	>1	>10
Echtzeitanforderungen	keine	bedingt	absolut				
Feldgeräte	digitale I/O	digitale + analoge I/O	intelligente Feldgeräte (mit MP)	Meßgeräte	Teilmaschinen		
Modulare Maschinen / Funktionen	nicht vorhanden	bedingt vorhanden	nahezu komplett	< 5 Signale zum Austausch, Verkettung			
Notwendige Redundanz	keine	Steuerung	Bus	I/O-Ebene			
Temperatur °C – Einsatzort	0 bis +30	-20 bis +40	< -20 bis > +40				
Temperatur °C – Umgebung	0 bis 40	-10 bis +55	-20 bis +75	<-20 und > +75			
Feuchte [%]	< 75	76 bis 89	90 bis 95	> 95			
Ex-Bereich, sonstige Normen	VDE/DIN	UL, NEMA, CSA, Austral. Standard	sonstige	Ex-Bereich			
Standardisierung	gering/kundenspezifisch	Kunde wählt SPS aus	Variantenkonstruktion	hoch, nur Standard			
EMV (Störfestigkeit) EN 50082	Industriebereich	Wohnbereich	Hochempfindliche Meßgeräte + FU				
Sicherheitskategorie EN 954-1	1	2	3	4			
Anlagenverfügbarkeit	2-Schichtbetrieb	85 bis 95 %	95 bis 98 %	> 98%			
Service weltweit	unwichtig	wichtig	12 h Service	24 h Service			
Ersatzteile weltweit	unwichtig, da selber gelagert	wünschenswert, Marketingargument	notwendig, da nicht vorhanden				
Marktdurchdringung im Lieferland	unwichtig	wichtig	nur Marktführer				
Einheitlichkeit der Systeme	unwichtig	technisch bestes System	wo technisch sinnvoll	alles aus einer Hand			
Herstellkosten	unwichtig	wichtig	kaufentscheidend				
Betriebskosten	noch nicht vertrieblich genutzt, wichtig	Kaufentscheidung nach Wartungskosten/	Bedienbarkeit				
Qualifizierungsniveau							
Operator	angelernt, starke Fluktuation	angelernt, Berufserfahrung	Facharbeiter	Erfahrener Facharbeiter			
Wartungspersonal	angelernt	Facharbeiter	Ingenieur				

Abbildung 5.16. Morphologischer Kasten für die Verfahrenstechnik bzw. chemische Industrie

In der Prozeßautomatisierung muß die Möglichkeit des Einbindens von analogen Punkt-zu-Punkt-Verbindungen gegeben sein.

Je nach dem Konzept eines Prozeßleitsystems übernimmt entweder ein Prozeßbus die gesamte Kommunikation zwischen Prozeßstationen und Leitstationen oder nur die Kommunikation zwischen den Prozeßstationen. Im zweiten Fall sorgt ein getrennt aufgebauter Systembus für die Kommunikation zwischen den Leitrechnern.

In der Tabelle 5.8 sind die geeigneten Bussysteme für die Prozeßautomatisierung in den verschiedenen Ebenen und in Abb. 5.16 ein morphologischer Kasten, speziell für die Verfahrenstechnik bzw. chemische Industrie, aufgeführt.

Anwendungsebene	Aufgaben/Funktionen	Typische Geräte	Charakteristische Anforderungen	Geeignete Kommunikationssysteme
Betriebsleitebene	• Produktionsdatenverarbeitung • Produktionsplanung • mittel- und langfristige Datenarchivierung	• Mainframes • leistungsfähige Workstation	• Kommunikation mit dem Leitrechner • hoher Datendurchsatz • Zeitverhalten min bis h • Fremdsystemankopplung (z. B. LAN)	• werksweite Netze • WAN (Datex P, X.25 etc.) • LAN-Anbindung
Prozeßleitebene	• Prozeßdatenverarbeitung • Visualisierung und Bedienung • Koordination der Systeminternen Kommunikation (verteiltes System) • Systemankopplung an Betriebsleitrechner, SPS, PC u.a.	• industrietaugliche Prozeßstationen • Anzeige- und Bedienstation, z.B. Workstation • redundante Prozeßstation	• Bewältigung mittlerer bis höherer Datenmengen • Zeitverhalten ms bis s • Kommunikation mit überlagerten Systemen	• systeminterne Busse • Kommunikationsmöglichkeit mit Gateways oder Routern zu lokalten Netzen

Feldebene (Aktor/Sensor)	• Erfassung von analogen und digitalen Signalen • Datenvorverarabeitung in den E/A-Komponenten • Verteilung der Daten über systeminterne(s) Bussystem(e) • Steuerung und Regelung von Teilprozessen	• analoge Sensoren und Aktoren • binäre Aktoren und Sensoren • Antriebe mit intelligenten Bausteinen • Analysegeräte • Waagensysteme • SPS, Regler • Bedien- und Anzeigegeräte	• sichere Übertragungseigenschaften • prozeßspezifische Übertragungszyklen • standardisierte Softwareschnittstellen und Geräteprofile • Eigensicherheit des Feldbusses • Schutz vor Einflüssen aus dem Prozeß • Teilnehmeranzahl entsprechend den Anlagen-(teil)bereichen (bis einige 100) • herstellerunabhängiger Einsatz von Feldgeräten • Echtzeitfähigkeit (Reaktionszeiten < 10 ms) • Kommunikation mit überlagerten Systemen • kurze bis mittlere Datensätze, variable Blocklänge • Anschaltung und Entfernung von Teilnehmern bei laufendem Busbetrieb	• Sensor-/Aktor-Bussysteme • geeignete Feldbussysteme für explosionsgefährdete Bereiche • nachrichtenorientierte Feldbussysteme • Gateways zu herstellerspezifischen Bussystemen und Punkt-zu-Punkt-Ankopplung an lokale Netze und werksweite Netze WAN (Datex P, X.25 etc.)

Tabelle 5.9. Aufgabenbereiche und Anforderungen für die Prozeßautomatisierung und chemische Industrie, in Anlehnung an VDI/VDE 3687

Verteilte Konzepte Während die klassischen Prozeßleitsystem häufig stark zentral aufgebaut waren, bieten sich auf Basis der bereits oben ausgeführten neuen Hard- und Softwareentwicklungen auch andere Konzept an. Pfleger beleuchtet die Möglichkeiten der verteilten Realisierung von Funktion, die über die Meßwerterfassung und -aufbereitung hinausgehen, wie verfahrenstechnische Regelung und Steuerung, aber auch Ventil- und Motorbausteine sowie Dosierbausteine und Prozeßgrenzwertbildung auf Basis von Profibus PA, um nur einige zu nennen [33].

Vorteile	**Wichtung**
Weniger Bustelegramme	•••
„Schnelle" Regelungen und Steuerungen besser beherrschbar	••••
Entlastung des PNK	•••
Höhere Verfügbarkeit des PLS durch dezentrale Regelungen und Steuerungen	••••
Geringere Redundanzanforderungen an PNK	••••
Nachteile	
Unterschiedliche Regel- und Steueralgorithmen innerhalb einer Anlage wahrscheinlich	••••
Notwendige Normungsarbeit für Standardfunktionen	••••
Steigende Komplexität, Gefahr wachsender Unübersichtlichkeit	•••

Wichtung gilt für die Tabelle:		
	unwichtig	•
	weniger wichtig	••
	noch wichtig	•••
	wichtig	••••
	sehr wichtig	•••••

Tabelle 5.10. Funktionelle Eigenschaften eines Systems mit ausgelagerten Verarbeitungsfunktionen [45]

5.3 Gebäudeautomatisierung

Die Gebäudeautomatisierung hat sich in den letzten Jahren erheblich entwickelt und in diesem Zuge auch die Feldbustechnik für diesen Bereich. Im folgenden sollen lediglich einige grundsätzliche Überlegungen erläutert werden. Detaillierte Ausführungen würden den Rahmen dieses Buchs sprengen.

Bei der Automatisierung von Gebäuden müssen sehr unterschiedlicher Fachdisziplinen vereint werden. Dies ist durch die Verschiedenartigkeit der Gebäude selbst, und durch die vielfältigen, zu erfüllenden Anforderungen und Funktionen bedingt.

Innerhalb der Gebäude müssen beispielsweise folgende Anlagen in das Automatisierungssystem integriert werden:

- Anlagen für die Versorgungstechnik (z.B. Heizung, Lüftung, Klima, Gas, Wasser, Elektrische Energie, Beleuchtung)

Einfluß auf ...	Vorteile		Nachteile	
...Hardware	- PNK einfacher und billiger	•••	- Aufwendigere Feldgeräte	•••
...Planung	- Geringere Aufwand für Redunanzplanung	•••	- Uneinheitlicher Dokumentenstil - Komplexe Regelungen und Steuerungen schlechter darstellbar - Dokumentation weniger verständlich	•••• •••• ••••
...Inbetriebnahme	- Inbetriebnahme einzelner Regelkreise ohne PLS	•••	- Bedienung gleichartiger Geräte verschieden - Gefahr unterschiedlicher Behandlung von Parametern - Schulungsbedarf steigt	•••• •••• ••••
...Betrieb	- Unterlagerte Steuerungen und Regelungen auch ohne PLS funktionstüchtig	•••••	- Bedienung gleichartiger Geräte verschieden - Gefahr unterschiedlicher Behandlung von Parametern - Schulungsbedarf steigt	•••• •••• ••••
...Instandhaltung	- Vor-Ort-Handhabung einzelner Regelungen und Steuerungen mittels Handheld	••	- Dokumentation nicht optimal für eine Störungssuche - Komplexe Regelungen oder Steuerungen schlecht nachvollziehbar - Gefahr unterschiedlicher Behandlung von Parametern - Schulungsbedarf steigt	•••• •••• •••• ••••

Wichtung gilt für die Tabelle:

unwichtig	•
weniger wichtig	••
noch wichtig	•••
wichtig	••••
sehr wichtig	•••••

Tabelle 5.11. Einflüsse auf Phasen der Projektbearbeitung (In Anlehnung an Pfleger) [33]

- Sicherheitsanlagen (z. B. Tür- und Raumüberwachung, Zutrittskontrolle, Brandmeldeanlagen, Zeiterfassung für Mitarbeiter)
- Transportanlagen (z.B. Aufzüge, Rolltreppen, Parkanlagen)
- Anlagen zur Entsorgung (z.B. Abwasser, Abfall, Abgas)
- Nachrichtentechnische Anlagen (Fern- und Gegensprechanlagen, lokale Netze)
- Fertigungs- und Produktionseinrichtungen.

Diese Aufzählung spiegelt sich auch in den Anforderungen an die Kommunikationstechnik für die Gebäudeautomatisierung wider. Ein besonderes Merkmal dabei ist die große räumliche Ausdehnung und die damit verbundene komplexe Topologie des Netzwerkes. Die Anzahl der Busteilnehmer ist u.U. groß. Auf der Automatisierungsebene kommt nicht *eine* Steuerung, sondern ein Netzwerk von Unterstationen zum Einsatz. Gleichzeitig wird die Möglichkeit gefordert, viele Funktionen nicht nur lokal, sondern auch zentral ausführen zu können.

Im Vergleich zur Fertigungsautomatisierung sind die zeitlichen Anforderungen deutlich geringer. Wichtig ist hierbei eine möglichst einfache Inbetriebnahme, da die Installation in der Regel durch Handwerker durchgeführt wird und jederzeit durch verschiedene Unternehmen betreut werden muß.

5.4 Einzelaggregate/Kleingeräte und mobile Einheiten

Hierunter wird die Automatisierung von in ihrer Funktion nahezu autonomen Systemen verstanden, welche autark arbeiten und oftmals eine datentechnische Schnittstelle zur Außenwelt aufweisen, diese aber zur Funktion nicht unbedingt benötigen.

Der Feldbus wird bei diesen Anwendungen zur internen Vernetzung herangezogen. Sind Schnittstellen zur Außenwelt erwünscht bzw. zur Ankopplung an Fernbedienwarten oder zu Diagnosezwecken – so kann entweder der intern benutzte Feldbus herausgeführt oder mittels einer eigenen Protokollumsetzkomponente (Gateway) die Verbindung mit dem extern benötigten Bussystem hergestellt werden. Die externe Schnittstelle muß dabei den in der jeweiligen Branche verbreiteten Systemen entsprechen.

Beispiele sind:

- Fahrzeuge
- Einzelmaschinen
- Landmaschinen
- Prüfstände
- Medizinische Geräte
- Meßgeräte
- Größere Geräte aus dem Office-Bereich
- Dienstleistungsautomation.

In der Fahrzeugautomatisierung hat die Vernetzung insbesondere mit CAN bereits frühzeitig eingesetzt. In den Nutzfahrzeugen, wie beispielsweise Reisebussen, setzen sich diese Systeme dagegen schleppender durch. In diesen Fahrzeugen kommt in der Regel eine auf die Branche zugeschnittene, einfach zu konfektionierende Lösung zum Einsatz, wie z. B. Systeme von VDO.

Die Aufgaben und Funktionen von Feldbussen, die in Fahrzeugen angewandt werden, sind sehr ähnlich den allgemein in der Einzelaggregatautomatisierung verwendeten. In beiden Fällen handelt es sich um weitgehend abgeschlossene Systeme, bei denen der Bus zur Vernetzung der im System vorhandenen elektronischen Komponenten dient. Gegenüber den anderen Automatisierungsbereichen (Fertigungsautomatisierung, Prozeßanlagen) nimmt der Anwender üblicherweise an den fertig konfigurierten Systemen keine Änderung vor. Je nach Einsatzort auf dem Fahrzeug (Motormanagement, Komfortelektronik, Trailer) gibt es jedoch durchaus spezifische Unterschiede.

Beim Einsatz im Fahrzeug werden zunehmend auch sicherheitsrelevante Systeme vernetzt, dadurch stellen sich besondere Anforderungen an die Auslegung des Systems. Auch die Kommunikation der Fahrzeuge untereinander wird sicherlich an Bedeutung gewinnen, wenn man an teilautomatische Verkehrsführung denkt.

Die Feldbussysteme in der Fahrzeugindustrie haben ebenfalls eine eigene Ausprägung angenommen und sollen hier nicht vertieft diskutiert werden.

5.5 Zusammenstellung der Anforderungen

Schwerpunkt der bisherigen Betrachtung waren die Anforderungen an Feldbussysteme aus der technischen Anwendung heraus. Zunächst wurden die technischen Kriterien systematisch erläutert und anschließend die speziellen Ausprägungen dieser technischen Kriterien in einigen beispielhaften Branchen bzw. Applikationen dargestellt. Ein Mittel zur Systematisierung wurde mit dem morphologischen Kasten vorgenommen. Eine weitere systematische Zusammenstellung, die aus der VDI/VDE 3687 hervorgeht, wurde implizit behandelt.

Der nächste Blick auf die Auswahl eines Feldbussystems, gilt der Ablauforganisation bei der der Erstellung und dem Betrieb des Systems. Die hieraus resultierenden Anforderungen aus der Projektabwicklung werden im folgenden Kapitel erläutert.

6 Anforderungen aus der Projektabwicklung

Im Kapitel 5 wurden die Grundlagen gelegt, um die technisch beste Lösung bei der Auswahl und Einführung eines feldbusbasierten Systems zu finden. Während dabei bereits die Unterschiede der verschiedenen Aufgabenbereiche ihre Berücksichtigung gefunden haben, werden nun die Anforderungen betrachtet, die während des größten Teils des Lebenszyklus eines feldbusvernetzten Systems, also von der Entwicklung über die Inbetriebnahme bis zur Laufzeit, wichtig sind:

- Hilfsmittel, die zur Projektierung zur Verfügung stehen
- Aufwand bei der Anbindung von unterschiedlichen Steuerungen
- Unterschiedliche Aspekte bei Fertigung, Prüfung und Test von Neuanlagen sowie bei der Umrüstung von Altanlagen und -konzepten auf eine Feldbusvernetzung
- Aufwand zur Inbetriebnahme
- Möglichkeiten, den Service z. B. während des Betriebes durchzuführen.

Abgeschlossen wird dieses Kapitel wiederum durch eine Gegenüberstellung der wesentlichen Betrachtungspunkte in Form eines morphologischen Kastens, um einen komprimierten Vergleich zu ermöglichen.

6.1 Projektierungshilfsmittel

Die Projektierung eines Feldbussystems, also die Festlegung des Konzeptes, der ersten Konfiguration und einer Kostenbetrachtung, erfordert zum einen die Integration der Planung von elektrischen, elektronischen und mechanischen Komponenten. Zum anderen bedeutet die wachsende Dezentralisierung und immer höhere Eigenintelligenz von Steuerungen und Endgeräten, daß auch die Planung der Software in den Projektierungsprozeß eingebunden werden sollte.

Diese Veränderungen befinden sich allerdings gerade erst am Anfang ihres praktischen Einsatzes. Daher lassen sich mit den verfügbaren Werkzeugen nicht alle Anforderungen erfüllen. Verschiedene Formen von Projektierungshilfsmitteln stehen dem Projekteur zur Verfügung, die sich insbesondere in der Form ihrer Verfügbarkeit sowie dem Maße der Unterstützung die sie bieten, unterscheiden. Dies sind:

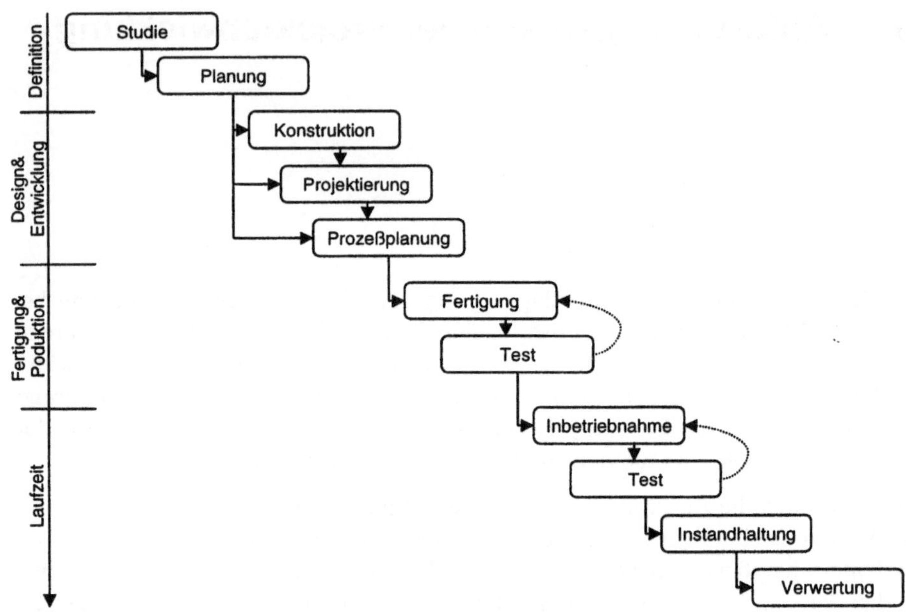

Abbildung 6.1. Typischer Produktlebenszyklus

- Klassische Unterlagen auf Papier
- Klassische Unterlagen, computerlesbar
- Computerbasierte Hilfsmittel
- Integrierte Projektierungssoftware
- Modellierung und Simulation
- Externe Dienstleistungen.

Um den Nutzen der verschiedenen Ausprägungen einschätzen zu können, sollen zu jedem Punkt Beispiele und die Verfügbarkeit für die unterschiedlichen Feldbusse aufgezeigt werden.

6.1.1 Klassische Unterlagen auf Papier

Die Dokumente, die bislang dem Projekteur zur Durchführung seiner Arbeit gedient haben, die Kataloge, Datenblätter, Stellenpläne usw. werden weiterhin auch für die aktuellen Feldbusse und Feldgeräte erstellt. Allerdings bedeutet die wachsende Komplexität auch einen stark ansteigenden Umfang in der Zahl der Seiten und damit ein unhandlicher und unübersichtlicher werden in ihrer Verwendung.

Bei den Herstellern zeigt sich eine schwankende Qualität in ihren Unterlagen, die zudem mit jeder Neu- oder Weiterentwicklung variiert. So kann in Unterlagen zwar jedes Detail in verschiedenen Schwierigkeitsgraden beschrieben werden, dabei bleibt jedoch zumeist die Übersichtlichkeit auf der Strecke und damit auch die eigentliche Umsetzung aufwendig. Andere Hersteller halten die Informationen für einen Einsteiger in die Projektierung mit Feldbussen sehr knapp und dieser muß sich u. U. mit zusätzlicher Dokumentation und Support Unterstützung suchen. Hierbei ist offensichtlich die Erfahrung des Projekteurs von besonders großem Einfluß auf die Qualität der Projektierung und damit auf den Erfolg des Projektes.

Aber selbst bei übersichtlichen und gut verständlichen Unterlagen zeigt sich, daß die Komplexität eines feldbusbasierten Systems mit den herkömmlichen Hilfsmitteln kaum noch beherrschbar ist.

Als begleitende Information sind Kataloge und Datenblätter auf Papier oder im Rechner, wie im nächsten Absatz beschrieben, weiterhin wertvolle Hilfen, aber gerade bei größeren Systemen wird eine computerunterstützte Projektierung immer unverzichtbarer (siehe Kapitel 6.1.3).

6.1.2 Klassische Unterlagen in computerlesbarer Form

Die in 6.1.1 beschriebenen Unterlagen stehen vermehrt auch in computerlesbarer Form auf Datenträgern, wie CD-ROM, oder zum Abruf aus dem Internet zur Verfügung. Je nach Aufbereitung, lassen sich dadurch Suchvorgänge stark beschleunigen und Veränderungen schneller und einfacher einbinden. Die Qualität des Inhaltes selber wird dadurch, basierend auf denselben Daten, nicht verändert. Auch ist eine digitale Weiterverarbeitung nicht möglich, also z. B. das Weiterreichen an CAE-Software.

Aber durch die Möglichkeit, ständig die neueste Version dieser Unterlagen inklusive aller Errata und Ergänzungen verfügbar zu haben, läßt sich die Qualität der Projektierung selber erhöhen, bzw. schneller durchführen, da man nicht mit veralteten Informationen arbeitet oder Verzögerungen durch vermischte Unterlagen (Basiswerk plus Ergänzungen/Errata) ausbleiben. Des weiteren lassen sich durch die schiere Menge der Unterlagen, die sich auf einer CD-ROM und demnächst sogar DVD (Digital Versatile Disk) unterbringen lassen (650 Mbyte bzw. 2-5 Gbyte), auch besonders detaillierte Informationen oder solche aus Randgebieten der benötigten Bereiche vorhalten, um z. B. Varianten projektieren zu können.

Das Angebot von Unterlagen im Internet wächst auch in diesem Bereich täglich, und bei Herstellern, die bislang nicht vertreten waren, ist mit einer Präsenz in Kürze zu rechnen. Zum Zeitpunkt der Recherche zeigten sich einige Hersteller mit einem besonders detailliertem Angebot vertreten, so Beckhoff (`www.beckhoff.de`), Allen-Bradley (`www.ab.com`) – wenngleich auch bei Allen-Bradley nur in Englisch – und für den Interbus-Bereich auch Phoenix-Contact (`www.phoenixcontact.de`), die ihre vollständigen Projektierungsunterlagen zum Herunterladen vorhalten. Andere dagegen legen bislang im wesentlichen allgemeine Kataloginformationen ab, wie beispielsweise Siemens (`www.ad.siemens.de`), und Mitsubishi (`www.mitsubishi-automation.de`).

Je ausführlicher das Internet-Angebot ist, um so sinnvoller ist es, diese Informationen auch auf CD-ROM verfügbar zu machen, damit größere Datenmengen nicht immer über die begrenzten Leitungen geladen werden müssen. So gibt z. B. Siemens den aktuellen Inhalt ihres World-Wide-Web-Servers auch auf CD-ROM heraus. Auf diesen CD-ROMs und weiteren, die den entsprechenden Produkten beiliegen, finden sich dann zusätzliche Projektierungsunterlagen, die über das Internetangebot hinausgehen.

Ist man auf die aktuellsten Informationen der Hersteller angewiesen, so ist es sinnvoll, öfters auf den Seiten der Herstellern nachzuschauen, ob Veränderungen und Verbesserungen vorgenommen wurden.

6.1.3 Computerbasierte Hilfsmittel

Einzelne Hersteller bieten zu ihren Systemen spezielle Programme an, die eine Projektierung ihrer Komponenten erleichtern. Allerdings findet keine Verknüpfung mit anderen, weiterführenden Programmen statt, sei es aus dem eigenen Haus oder von anderen Anbietern.

Diese Programme reichen in ihren Ausprägungen von einfachen Tabellen zur Übernahme in beispielsweise eine Tabellenkalkulation, bis zu Windows-basierten Komplettlösungen, die aber nur teilweise dem Anwender zur Verfügung stehen und eher den Vertrieb und die Feldingenieure des eigenen Unternehmens unterstützen sollen.

6.1.4 Integrierte Projektierungssoftware

Am weitesten in ihrer Unterstützung gehen die Softwarepakete, die vollständig in den gesamten Projektierungsprozeß eingebettet sind. Gleichzeitig bedeuten sie aber auch die größte Abkehr von den klassischen Methoden, die ein Projektierungsingenieur typischerweise anwendet. Noch sind aber die besonders innovativen und die meisten Verbesserungen bietenden Werkzeuge höchstens im Prototypenstadium. Die Werkzeuge, die jetzt schon eingesetzt werden können, orientieren sich noch an der klassischen Vorgehensweise, wie man sie auch mit den oben beschriebenen klassischen Unterlagen durchführte. Allerdings bieten die automatische Übernahme von Geräteinformationen, die konsistente und durchgehende Bezeichnung von Ein- und Ausgabedaten, die Wiederverwertbarkeit bei ähnlichen Projekten und viele andere Optionen, Vorteile, die den Aufwand der Einführung rechtfertigen können.

6.1.5 Modellierung und Simulation

Als Ausblick für die weiteren Möglichkeiten der Unterstützung bei der Projektierung seien die neuen Entwicklungen im Bereich der Modellierung und Simulation genannt. Da sich bislang der Projekteur nur auf heuristische Informationen stützen kann, d. h. er verläßt sich auf seine Erfahrung, kalkuliert mehr oder weniger genau mit Hilfe der verfügbaren Leistungsdaten das benötigte Automatisierungskonzept oder paßt vorhandene Lösungen an neue Anforderungen an, lassen sich weder die optimalen Systeme aus technischer Sicht projektieren, noch werden tatsächlich alle Kundenanforderungen erfüllt.

Als Lösung kann hier die Modellierung des Automatisierungssystems im Computer dienen, welches dann in einer Simulation optimiert und validiert wird. Die Optimierung findet maßgeblich algorithmisch statt. Denn wenn der Rechner genügend Informationen über das Automatisierungssystem und die möglichen Feldbusse zur Verfügung hat, lassen sich die Leistungsanforderungen des Systems den Leistungsdaten der Feldbusse gegenüberstellen und somit den optimalen Feldbus auswählen. Die Validierung, d. h. der Abgleich von Spezifikation mit den ursprünglichen Kundenwünschen, kann an dem simulierten Ablauf des Automatisierungssystems stattfinden. So ließe sich beispielsweise das gewählte Konzept interaktiv am Bildschirm (dem eigenen, dem des Kunden oder gar jeder vor dem eigenen z. B. über das Internet verbunden) mit dem Kunden durchspielen, der an dieser, als Prototyp betrachteten Simulation seine Wünsche und Anforderungen klarstellen oder modifizieren kann.

Entsprechende Computerprogramme erreichen erste Praxistauglichkeit [31] und in Verbindung mit der o. g. integrierten Projektierungssoftware, ist auch hier in der Zukunft mit interessanten Produkten zu rechnen.

6.1.6
Externe Dienstleistungen

Selbstverständlich besteht auch die Möglichkeit, Unterstützung bei der Projektierung als Dienstleistung bei den Herstellern der Busse oder Anbietern von Peripherie einzukaufen. Insbesondere bei der erstmaligen Vernetzung einer Maschine oder Anlage mit einem Feldbus, kann sich eine Investition in den Zukauf von Dienstleistungen lohnen, da sich anfängliche Schwierigkeiten durch erfahrene Mitarbeiter oftmals sehr viel schneller lösen lassen, als dies durch Schulungen und Handbuchstudium möglich ist.

Neben den Angeboten der Hersteller, haben sich aber auch für alle Bussysteme Nutzergruppen gebildet, die ihren Mitgliedern Unterstützung zu dem jeweiligen Feldbus bieten. So die Profibus Nutzerorganisation (PNO), der Interbus-Club und weitere zu den jeweiligen Feldbussen. An technischer Unterstützung kann man beispielsweise vom Interbus-Club Seminare, Entwicklungsleitlinien, Schnittstellenspezifikationen, Beratung und Unterstützung durch Support-Partner und Zertifizierungen erwarten (Quelle: Interbus-Club). Bei anderen Nutzerorganisationen ist das Angebot ähnlich.

6.2
Standards und CAE-Tools

Ähnlich den Anforderungen an die Hilfsmittel zur Projektierung von Feldbuskomponenten, sind auch die Anforderungen an den Einsatz von computerunterstützten

Werkzeugen in der Konstruktion gelagert. Dies sind: eine möglichst einfache Nutzung und ein hoher Grad an Automatisierung beim Einlesen und Austauschen von Informationen.

Für die Hardware besteht durch die umfangreiche Verfügbarkeit von Gerätedatensätzen schon lange die Möglichkeit, die Herstellerinformationen in Werkzeuge für die computerunterstützte Entwicklung (Computer Aided Engineering; CAE) zu übernehmen, auch wenn die Umsetzung in den jeweiligen Programmen der Hersteller u. U. Tücken im Detail aufweisen. Ebenfalls stellen umfassende Bibliotheken insbesondere für hauseigene Konstruktionswerkzeuge einen hohen Nutzwert für Anwender dieser Werkzeuge dar, wie beispielsweise für Siemens Sigraph CAE. Neue Standards schaffen hier zusätzliche Möglichkeiten, um auch zwischen Programmen – von Soft-SPSen über CAE-Tools bis zu Office Werkzeugen wie Microsoft Excel – und Automatisierungsgeräten verschiedener Hersteller, Daten austauschen zu können, wie STEP und OPC (s. u.).

Allerdings sind diese Fortschritte im Bereich der Automatisierungssoftware, d. h. insbesondere von SPS-Programmen, kaum gemacht worden. Funktionsblöcke, die eine Modularisierung, z. B. für die Wiederverwertung ermöglichen, sind kaum standardisiert und durch kleinere oder größere Abweichungen in ähnlichen Programmiersprachen ist auch eine direkte Übernahme von fertigen Programmen kaum möglich. Hier hat die IEC 1131-3 für eine erste Angleichung der Steuerungsprogrammiersprachen gesorgt und mit der IEC 1499 folgt eine normierte Verwendung von Funktionsblöcken.

Einige solcher Standards auf der Softwareseite sind, teils komplementär, teils ergänzend, für die Praxis von feldbusvernetzten Automatisierungssystemen wichtig. Diese sind als Normen durch internationale oder nationale Gremien festgelegt worden, oder haben sich als De-Facto-Standards von marktführenden Herstellern oder Herstellervereinigungen durchsetzen können. Drei Standards, von denen zwei genormt sind, finden sich inzwischen in vielen Produkten wieder:

- STEP – Standard for the Exchange and Representation of Product Model Data – ISO 10303 für eine genormte Beschreibung von Produktdaten
- OPC – OLE (Object Linking & Embedding) for Process Control für den Austausch von Daten zwischen dem Feldbus, Feldgeräten, Steuerungen und einem Windows-PC
- IEC 1131-3 für die Programmierung von Steuerungen.

Am Beispiel von Siemens und Phoenix Contact zeigt sich, wie solche Standards in den jeweiligen Produktlinien eingesetzt werden können. Beide engagieren sich stark bei der Verbreitung von Standards, um für ihre Bussysteme möglichst durchgängig von der Projektierung über die Konstruktion bis zur Bedienung und Visualisierung computerbasierte Unterstützung zu haben. Dazu setzen beide Hersteller auf OPC, um innerhalb einer Windows-Umgebung Schnittstellen zu definieren. Ebenfalls bietet dies Allen-Bradley, bzw. Rockwell Software, als Gründungsmitglied der OPC-Gruppe (OPC Foundation – `www.opceurope.org`), mit den RS-Produkten an. Darüberhinaus hat aber Phoenix Contact mit der „Open Control"-Initiative eine zusätzliche Abstraktionsebene eingeführt, die besonders auf die Bedürfnisse von feldbusvernetzten Automatisierungsgeräten zugeschnitten ist und versucht auch für diese, in Form eines offenen Standards Akzeptanz zu finden. Hier ist neben eigenen Programmen zur Programmierung, Visualisierung und Konfiguration von Systemen auch eine Abstraktionsebene für die Einbettung von CAE-Tools verschiedener Hersteller vorgesehen.

Siemens bietet als umfassendes Engineering-Tool Sigraph CAE an, welches OPC zum Austausch von Daten zwischen dem PC und den Feldgeräten nutzt und zusätzlich zur Datenbeschreibung STEP einsetzt, um damit einen Austausch mit anderen, auch unternehmensfremden Systemen zu ermöglichen.

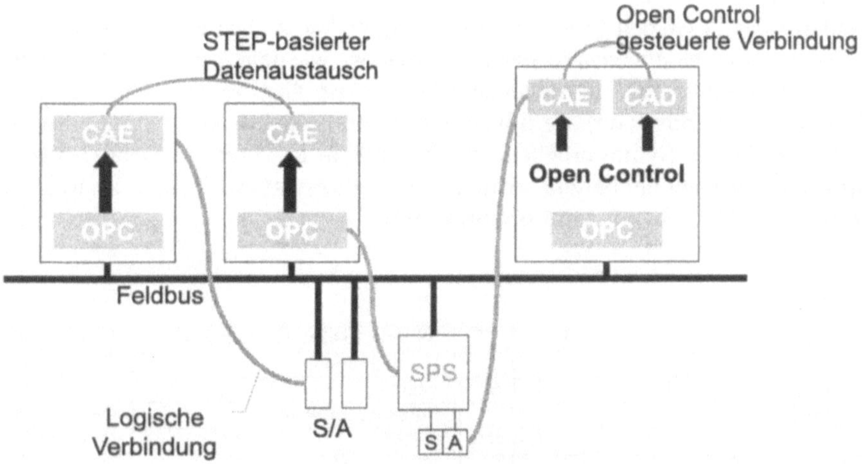

Abbildung 6.2. Verbindung verschiedener Tools und Automatisierungsgeräte über OPC oder Open Control. Daten lassen sich zwischen Geräten, die über einen Feldbus vernetzt sind austauschen, wobei eine logische Verbindung zwischen den Datenquellen und den Anwendungsprogrammen, bzw. zwischen den Anwendungsprogrammen untereinander besteht.

6.3 Anwendungen mit wechselnden Steuerungen

Gerade bei Unternehmen mit internationalen Kunden, besteht oftmals die Anforderung, je nach Kunde unterschiedliche Steuerungen einzusetzen. So sind auf dem deutschen Markt SPSen von Siemens, in den USA solche von Allen-Bradley und in den asiatischen Ländern die Geräte von Mitsubishi besonders weit verbreitet und damit oft zu unternehmensinternen Standards geworden. Das heißt, daß die Auswahl eines Feldbusses nur unter Berücksichtigung der vorgeschriebenen Steuerung stattfinden kann.

Einige Systeme, insbesondere von den Herstellern, die selber keine Steuerungen produzieren oder bei denen der SPS-Bereich nicht zum Kerngeschäft gehört, zeigen sich bei der Anbindung von Steuerungen unterschiedlicher Hersteller besonders flexibel. Gleichzeitig zeigt sich bei Herstellern wie Siemens, die in allen Gebieten stark involviert sind, eine gewisse Einschränkung in der freien Austauschbarkeit von Steuerungen. Sowohl von der technischen Feldbusseite her, wie auch von der Programmierung, ist man oftmals auf ein homogene Lösung eines Anbieters angewiesen. Diese Situation herrscht trotz des Einsatzes von genormten Sprachen (hier IEC 1131-3), da die tatsächliche Implementierung leichte, aber bedeutende Abweichungen von der Norm haben kann.

Eine wesentliche Erleichterung könnte hier in der Zukunft die Konformität mit Standards der PLCOpen (`www.plcopen.org`) bedeuten. Diese Organisation stellt in Zusammenarbeit mit entsprechenden Prüflabors, wie dem Institut für Automation und Kommunikation e.V. in Magdeburg (`www.ifak.fhg.de`) und dem TÜV Nord e.V. (`www.tuev-nord.de`), Zertifikate für solche Produkte aus, die mit einer IEC 1131-3-konformen Syntax arbeiten, wie sie durch die PLCOpen im Detail festgelegt wird. Eine Auswahl der bereits zertifizierten Produkte ist in Tabelle 6.1 aufgeführt. Sie entspricht dem Stand vom Dezember 1998.

Base Level:

Codesys	IL & ST	3S Smart Software Solutions	Deutschland
ISaGRAF	IL	CJ International	Frankreich
ACCON-ProSys 1131	IL & ST	Deltalogic	Deutschland
OpenDK	IL	infoteam software	Deutschland
PUMA	IL & ST	KEBA	Österreich
SUCOsoft S40	IL	Klöckner Moeller	Deutschland
MULTIPROG wt	IL & ST	Klöpper & Wiege	Deutschland
NAIS Control 1131	IL	Matsushita Automation Controls	Deutschland
MELSEC MEDOC Plus V2.31	IL	Mitsubishi Electric Europe	Deutschland
PDS7	IL & ST	Philips IAS	Niederlande
Concept V2.1	IL & ST	Schneider Automation	Frankreich
SELECONTROL CAP 1131	IL	Selectron Lyss	Schweiz
S7-SCL V4.0	ST	Siemens	Deutschland
Soft Control	IL	Softing	Deutschland
DIApro/CAN	IL	Weidmüller ConneXt	Deutschland
ILD	IL	Welsch Software	Deutschland

(IL: Instruction List. ST: Structured Text)
Portability Level:

SUCOsoft S40	Klöckner Moeller	Deutschland
OpenDK	infoteam software	Deutschland

Tabelle 6.1. Die 1998 zertifizierten Entwicklungswerkzeuge

(Aktuelle Listen: `www.plcopen.org` und `www.ifak.fhg.de`)

Bislang ist trotz solcher Zertifikate noch keineswegs sichergestellt, daß sich IEC 1131-3-Programme ohne Modifikation von einem auf ein anderes Produkt übertragen lassen. Selbst eine Zertifizierung gemäß dem sogenannten „Portability Level" – die zweite von drei Stufen der IEC 1131-3-Konformität bei der PLCOpen – bedeutet in der Regel höchstens eine uneingeschränkte Übertragbarkeit von 80% des Programmcodes. Das heißt, 20 von 100 Anweisungen müßten bei einem Wechsel der Steuerung, und damit meistens auch des Programmiersystems, geändert werden. Die erste Stufe der Zertifizierung ist der „Base Level" und die letzte Stufe „Full-Compliance".

6.4 Fertigung

Die Anforderungen bei der Fertigung von feldbusvernetzten Komponenten und der Busse selber, hängen stark von der geforderten Anwendung ab und ist daher bereits Gegenstand von Kapitel 5 gewesen.

Unter dem Gesichtspunkt der Projektabwicklung bedarf es besonderer Beachtung, ob eine vollständige Neuentwicklung, bzw. eine größtmögliche Überarbeitung mit Feldbustechnologie durchgeführt werden soll, oder ob bestehende Systeme umzurüsten sind bzw. vorhandende Konzepte anzupassen.

Während der Projekteur bei ersterem vergleichweise viele Freiheitsgrade hat und im wesentlichen nur durch die Anforderungen aus der Anwendung eingeschränkt wird, setzen ihm bereits vorhandene Installationen bei Altanlagen oder festgelegte mechanische Parameter bei Änderung der Automatisierung u. U. enge technische Randbedingungen. So müssen sich moderne Klemmen beispielsweise in vorhandene Schaltkästen einfügen lassen oder die Verlegung der Buskabel an Schächten, beweglichen Teilen und Umgebungsparametern orientieren.

Die Entwicklung des letzten Jahres zeigt deutlich den wachsenden Stellenwert, den die Einbettung von Feldbussen in bestehende Konstruktionen oder bei der Umrüstung von Altanlagen von den Feldbuskomponentenherstellern zugerechnet bekommen hat. So können alle wichtigen Unternehmen moderne Klemmensysteme anbieten, die auch auf engstem Raum und in herkömmlichen Schaltschränken installiert werden können.

Die Grundlagen und Auswahlkriterien zu den verschiedenen Möglichkeiten, Feldgeräte mit der Steuerungsebene zu verbinden, sind in Kapitel 5.1.5 ausführlich behandelt worden. Daher bleibt an diesem Punkt nur noch die Auswahl der Übertragungsmedien.

6.4.1 Auswahl und Varianten der Übertragungsmedien

Aus Sicht der Fertigung sind die Anforderungen an die Übertragungsmedien unter Umständen anders, als bei der technischen Betrachtung für die Feldbusse. Folgende Punkte können hier eine Rolle spielen:

- Flexibilität von Kabeln auf Biegung und Torsion je nach Leitungsführung
- Ausführung von Anschlüssen in Hinblick auf eine möglichst unkomplizierte Verdrahtung
- Aspekte der elektromagnetischen Verträglichkeit (EMV)
- Dämpfung durch Verwendung verschiedener Aderisolationsmaterialien (wie PVC, PE usw.)
- Ausführung des Außenmantels je nach Umgebungsbedingungen, also beispielsweise Flammwidrig, Hitzebeständig, Halogenfrei usw.

Die einzige feldbusspezifische Differenzierung läßt sich bei AS-Interface und LON herausstellen: Hier wird nur ein einziges Kabel benötigt, auf dem sowohl Daten wie auch Energie übertragen werden. Und auch diese Herausstellung wird mit der steigenden Verwendung von hybriden Kabeln, also solchen, bei denen ein Lichtwellenleiter (LWL) mit einem Kupfermantel versehen ist, der dann zur Leistungsübertragung genutzt wird, schnell unbedeutend [16]. Für die weitere Auswahl von Kabeln bei den anderen Systemen steigt die Variantenvielfalt so rasant an, daß hierfür auf die speziellen Kataloge der Hersteller und Kabellieferanten verwiesen werden muß, bzw. auf Zertifizierungen der einzelnen Nutzergruppen der Feldbusse.

6.5 Inbetriebnahme

Vernetzung, Modularisierung und zentrale Verfügbarkeit aller Systemparameter verändern den Aufwand und die Möglichkeiten zur Inbetriebnahme von Maschinen und Anlagen. Es läßt sich eine Vielzahl von Tests bereits im Werk durchführen, noch bevor die gesamte Funktionalität zusammengestellt ist. Bzw. ist der Teil der Funktionalität, der bereits vollständig im Werk erreicht werden kann, wesentlich höher. So bedeutet eine dezentrale Installation auch, daß nur noch sehr wenige elektrische Verbindungen beispielsweise bis zum Motoraggregat geführt werden müssen. Da „bis kurz davor" nur ein Feldbuskabel gelegt werden muß, sind die übrigen Verbindungen sehr viel schneller und sicherer herzustellen. Besonders deutlich wird diese Vereinfachung beim Wegfall von zentralen Schaltschränken, deren Verdrahtung bauform- und standortbedingt immer erst beim Kunden durchgeführt werden konnte und man damit auch auf die Funktionstests bis zu diesem Zeitpunkt warten mußten.

An einem Beispiel sei dies erläutert:

Lösung zentral Bei einer traditionellen, zentralen Lösung werden an der Maschine einige Klemmenkästen angebracht und bereits im Werk fest verbunden. Außerdem werden beim Hersteller alle Anschlüsse auf verschiedene Klemmenkästen geführt. Ein kompletter Funktionstest ist hierbei mit vertretbarem Aufwand nicht möglich, da ansonsten die Verkabelung vom Schaltschrank zu allen Klemmenkästen hergestellt werden müßte. Denn die Verkabelung der Einzeladern zwischen Klemmenkasten und Schaltschrank, muß für den Transport der Maschine zum Endkunden wieder gelöst und vor Ort erneut gezogen werden. Daher ist der Test der richtigen Anschlüsse (E/A-Check) nicht möglich. Des weiteren ließen sich die Kabel für diese Anschlüsse nach der Zerlegung für den Transport nicht mehr verwenden. Denn die Abmessungen in der endgültigen Anlage sind in der Regel nicht ausreichend genau bekannt und aus Projektablaufgründen ist wahrscheinlich der Schaltschrank noch nicht fertiggestellt. Somit lassen sich wesentliche Einsparung nur mit sehr hohem Aufwand, wie beispielsweise mit der virtuellen Montageplanung [23], erreichen.

Hinzuweisen ist das diese Argumentation nur im Anlagenbau gültig ist, üblicherweise dagegen nicht bei Serienmaschinen.

Lösung dezentral mit Feldbusvernetzung Bei einer dezentralen Lösung mit Feldbusvernetzung sind die traditionellen Klemmenkästen durch funktionsbezogene mit entsprechenden Feldbusmodulen ersetzt worden. Die Einzeladern der Sensoren und Aktoren werden bis auf die Feldbusmodule geführt und die Verkabelung zum Schaltraum geschieht im wesentlichen durch ein serielles Buskabel.

Daraus ergeben sich für den Funktionstest folgende Vorteile:

1. Die Verkabelung kann bis an das Feldbusmodul geführt werden, da nur das Feldbuskabel noch vor Ort installiert werden muß. Dies bedeutet eine deutlich reduzierte Zahl an Verkabelungsfehlern.

2. Da praktisch nur noch Feldbuskabel zwischen den Klemmenkästen und dem Schaltschrank liegen, können ohne hohen Aufwand mit einem einmaligen Equipment die Verbindungen zum Schaltschrank hergestellt und für den Transport wieder einfach gelöst werden.

3. Die Funktionstests (beispielsweise die Ansteuerung von Ventilen) können aufgrund dieser Tatsache in großem Umfang bereits im Werk des Herstellers durchgeführt werden.

Bei solchen dezentralen, intelligenten Konzepten, entfällt sogar die Notwendigkeit einer Verbindung zum zentralen Schaltschrank, wenn der Aufbau stark funktionsorientiert durchgeführt worden ist. Die Funktionalität kann vollständig getestet werden, da sich die Intelligenz denzentral im Klemmenkasten befindet. Der Transport bedeutet daraufhin keinen Mehraufwand mehr.

Andere Aspekte sind die Verwendung von Simulatoren oder Testgeneratoren zur Funktionsüberprüfung von isolierten Anlagenteilen, was wesentlich einfacher ist, wenn diese nur an den Feldbus angeschlossen werden müssen. Oder auch die erleichterte vor Ort Konfiguration, wo die bislang verwandten mobilen Programmiergeräte durch eine zentrale Konfiguration oder sogar durch eine eigenständige Anmeldung der Teilnehmer am Bus ersetzt werden können.

Aus diesen verschiedenen Möglichkeiten ergeben sich allerdings schwerwiegende Änderungen am zeitlichen Projektablauf: Ein simultanes Vorgehen von Maschinenbau und Elektrotechnik wird notwendig. So muß die Erstellung der Software zum Zeitpunkt der Fertigstellung der mechanischen Komponenten ebenfalls beendet sein, um den Test im Werk beginnen zu können. Dies ist in der Industrie bislang keine tägliche Praxis.

6.5.1 Parametrierung

Wurden bislang viele Geräte entweder über eigene Programmiergeräte oder zumindest über einen HART-konformen Anschluß parametriert, so erlauben es die intelligenteren Geräte im Feld vom Leitsystem aus über den Feldbus zentral konfiguriert zu werden. Verschiedene Anforderungen an solche Parametrierungswerkzeuge ergeben sich aus der Homogenität der zu parametrierenden Feldgeräte – also in wie weit eine Mischung von vorhandenen, nicht-feldbusvernetzten Geräten und solchen, die über Feldbusse, mit mehr oder weniger Intelligenz ausgestattet, vernetzt sind, besteht –, dem Stand der Technik in der Leitebene sowie der Anbindung an Werkzeuge zur Projektierung auf der einen Seite und zur Visualisierung auf der anderen. Außerdem sind Richtlinien zu beachten, die eine einheitliche Benutzerschnittstelle vorschreiben, wie die VDI/VDE GMA 2187.

Produkte, die zur Parametrierung von Feldgeräten eingesetzt werden können, stammen in der Regel entweder vom Hersteller der Bussysteme oder von dem der Feldgeräte.

So steht für den Interbus das CMD-Tool zur zentralen wie auch dezentralen Parametrierung, wie auch die Parametrierungskomponente innerhalb der PC-WORX-Umgebung von Phoenix-Contact zur Verfügung. Über eine spezielle Software (IBS STEP7/CMD) läßt sich die Parametrierung eines Interbus-Systems auch aus der Siemens Step 7-Umgebung heraus durchführen, wenn der Interbus über eine Anschaltbaugruppe an eine SIMATIC S7 angeschlossen ist.

Für den Profibus DP und -PA läßt sich SIMATIC SIPROM von Siemens einsetzen. Dieses Werkzeug ist seit der Version 4.0 in die Step 7-Umgebung integriert und erlaubt eine Parametrierung von Profibus-Geräten, die gemäß der HART-DDL (Device Description Language) eine Gerätebeschreibung mitliefern.

Rockwell Software stellt eine äquivalente Anwendung für das ControlNet-Netzwerk von Allen-Bradley mit RSNetWorx her. Neben der Parametrierung erlaubt das Tool RSLinx für ControlNet und DeviceNet auch den Zugriff auf die Feldgeräte am Bus aus anderen Anwendungen heraus, die auf einer Windows-Umgebung laufen.

Ähnliche, teils auch für mehrere unterschiedliche Feldbusse gleichzeitig, oder auf bestimmte Umgebungen hin spezialisierte Programme, werden von den verschiedensten Unternehmen angeboten. Dabei reicht die Palette von CMD-kompatiblen Tools, aber lauffähig unter dem Echtzeitbetriebssystem QNX, von Steinhoff, bis zu Software von Fisher-Rosemount, die innerhalb ihres eigenen Gesamtkonzeptes „PlantWeb“ Module zur zentralen Parametrierung und Konfiguration für Fieldbus Foundation-basierte Netze anbieten.

Speziell zur Parametrierung der eigenen Sensoren und Aktoren liefern die Feldgeräte-Hersteller mehr oder weniger komplexe Programme aus. So ist beispielsweise die Software Commuwin II von Endress+Hauser teilweise gemäß der VDI/VDE GMA 2187 gestaltet und unterstützt eigene, wie aber auch fremde Geräte, wenn diese mit HART-, Profibus- oder Intensor-Profilen arbeiten.

Welche Software eingesetzt werden sollte, hängt damit maßgeblich von den Faktoren ab:

- Heterogenität der SPS und der Feldgeräte, d. h. ob und wie weit moderne Gerätebeschreibungsprofile unterstützt werden
- Anwendung eines softwaretechnischen Gesamtkonzeptes wie Step 7, Open Control oder PlantWeb, zu denen entsprechende Module angeboten werden
- Dem möglichen Schulungsaufwand bei spezialisierter Software, die nicht gemäß Standards bedienbar sind.

Eine Entscheidung wird daher in der Regel entweder schon durch die Auswahl einer Softwareumgebung bestimmt oder durch Einschränkungen von nicht ersetzbaren Feldgeräten.

6.5.2 Diagnose

Die Möglichkeiten der Diagnose und die dazugehörigen Werkzeuge sind von System zu System sehr unterschiedlich. Es ist, ähnlich der Parametrierung, zu unterscheiden in:

- Diagnose direkt am Feldgerät
  Intelligente Feldgeräte bzw. E/A-Module an denen sich Sensorik und Aktorik befindet, stellen üblicherweise verschiedene Anzeigen über ihren Status zur Verfügung. Während dies eine große Hilfe zur Diagnose direkt im Feld darstellt, bietet insbesondere die feldbusbasierte Vernetzung eine systemweite Diagnose von zentraler Stelle aus bis an die Sensoren und Aktoren.
- Diagnose über eine Anschaltbaugruppe
  Zentrale Baugruppen, die dem Anschalten von SPSen an einen Feldbus dienen, für den diese direkt keinen eigenen Anschluß mitbringen – also z. B. der Anschluß einer Siemens S7 an einen Interbus –, verfügen oftmals über mehr oder weniger ausführliche Diagnoseanzeigen und Parametrieroptionen. So lassen sich über LEDs oder LCDs im wesentlichen Informationen über Betrieb- und Funktion, Fehler, E/A-Status und steuerungsspezifische Eigenschaften darstellen. Durch diese heterogene Einbindung sind die Diagnoseinformationen üblicherweise weniger ausführlich, als bei einer direkten Anbindung an den eigenen Feldbus, wie z. B. S7 – Profibus.
- Diagnose über ein Programmiergerät (PG)
  Als flexible Diagnosemöglichkeit für ein feldbusvernetztes System, welches keine eigene Diagnoseoption mitbringt, kann man ein Programmiergerät (PG) einsetzen, welches an den Feldbus direkt als Slave angeschlossen wird oder über ein Feldgerät mit PG-Anschluß mit dem Bus verbunden wird. Die Palette der verfügbaren Programmiergeräte reicht von einfachen, aber handlichen Taschengeräten für die Diagnose am AS-Interface, bis hin zu aufwendigen Spezialgeräten, die Anschlußmöglichkeiten für vielfältige Feldgeräte und -busse bereitstellen.

Allerdings werden diese speziellen Geräte mehr und mehr durch Standard-PC-Notebooks ersetzt, die sehr viel kostengünstiger sind (in diesem Zusammenhang wird dann von PC/PGs gesprochen). Auf ihnen läßt sich dann auch nahezu beliebige Software installieren, um Diagnosefunktionen ausführen zu können. Während hier bislang DOS als Betriebssystem dominiert, setzt sich bei wachsender Leistungsfähigkeit der Notebooks auch Windows NT/95/98 durch. Für PGs, die weiterhin speziell auf ihr Anwendungsfeld zugeschnitten werden sollen, tendiert man neuerdings zum Betriebssystem Windows CE, welches besonders für kleine Geräte mit anderen Eingabeoptionen als der üblichen PC-Tastatur – wie bspw. einem Stift – geliefert wird. Dadurch stehen dem Hersteller eine große Anzahl an Entwicklungswerkzeugen und eine vertraute (Windows-) Oberfläche zur Verfügung, und gleichzeitig kann er Geräte mit kleineren, preiswerteren und/oder stromsparenderen Prozessoren einsetzen. Allerdings muß sich die industrielle Einsatzfähigkeit von Windows CE noch zeigen, wobei erste Geräte, die allerdings für Visualisierungs- und Steuerungsaufgaben bestimmt sind, vorgestellt wurden; so das Multi Panel Simatic MP270 von Siemens auf Basis von Windows CE 2.0.

- Diagnose mit Hilfe PC-basierter Software Diagnoseprogramme für PCs können durch die variable Leistungsfähigkeit moderner Computer vielfältige Funktionen ausführen. Diese PCs werden dann zusätzlich, meistens in der Ausführung als Notebook bzw. Laptop, an den Bus oder ein Feldgerät mit serieller Schnittstelle nach RS-232C angeschlossen oder man richtet die Diagnosesoftware auf bereits vorhandenen PCs ein, die beispielsweise für die Visualisierung oder Konfiguration genutzt werden. Während die Programme, die von den bekannten PGs abgeleitet wurden, wie SCOPE für Profibus und AS-Interface, sich als im wesentlichen abgeschlossenes System präsentieren, setzen Neuentwicklungen vermehrt auf modulare Windows-Technologie. Mit Hilfe von offenen Schnittstellen, wie OPC oder Open Control, oder aber auch herstellerspezifischen Produkten, wie RSLinx und RSJunctionBox von Rockwell Software (die wiederum auch OPC unterstützen), lassen sich sämtliche Diagnosedaten von den Feldgeräten an Standard-Office-Produkte – Excel u. ä. – weitergeben, oder in Baukastenform über VisualBasic oder als ActiveX-Controls weiterverarbeiten.

  Eingebunden in vollständig PC-basierte Automatisierungskonzepte – d. h. Step 7, Open Control, PlantWeb usw. – stellt die Diagnose nur eine von vielen Funktionen dar, die sich entweder in der Inbetriebnahmephase zur Überprüfung der korrekten Funktion und Erkennung von Fehlern einsetzen läßt, oder im laufenden Betrieb Daten mit anderen Funktionen, etwa der Visualisierung oder einer Soft-SPS, austauscht, um nicht nur im Fehlerfall Informationen bereitstellen zu können, sondern schon durch statistische Auswertungen Fehlentwicklungen frühzeitig anzuzeigen.

6.6 Service

Die Anforderungen an die Wartung und Instandhaltung von feldbusvernetzter Automatisierungstechnik zeigen hohe Überdeckungen mit den oben genannten Anforderungen und deren Lösungen für die Inbetriebnahme, insbesondere der Diagnose.

Mit Hilfe von modernen, computerbasierten Diagnosewerkzeugen, lassen sich die Wartungs- und Instandhaltungsaufgaben sehr viel effektiver durchführen und unterstützen das Servicepersonal im Servicefall.

Allerdings bestehen in vielen industriellen Installationen Anforderungen an die gesamte Anlage, die damit auch für die Feldbuskomponenten gelten und besonders für computerbasierte Anwendungen schwer zu erfüllen sind. Dies betrifft insbesondere die Ersatzteilvorhaltung über einen längeren Zeitraum und die Austauschbarkeit der Einzelteile im laufenden Betrieb.

Einen vielfach nicht beachteter Aspekt, ist die Software auf Industrie-PCs. Denn auch hier läßt sich die Anforderung formulieren, die Software im laufenden Betrieb auswechseln, bzw. updaten zu können. So ist gerade bei Programmen auf Basis von Windows der Neustart des Betriebssystems nach der Installation neuer Software, bei Updates oder zum Teil sogar schon bei reinen Änderungen an der Konfiguration, nötig. Und da der PC einen immer größeren Teil der Funktionalität in einem Gerät verbindet – wie z. B. die Kombination von Soft-SPS, Visualisierung und Diagnose – , bedeutet ein solcher Neustart nur aufgrund einer lokal begrenzten Änderung einen größeren Eingriff in die gesamte Funktion der Anlage. Dies kann beispielsweise einen Produktionsstop bedeuten, der bei dem Einsatz von spezialisierten Systemen nicht notwendig ist. Daher sind die Anforderungen an einen durchgehenden Betrieb, die Dauer eines solchen Neustarts – der beispielsweise bei dem neuesten Windows CE schon kürzer ist, aber immer noch deutlich länger als der spezialisierter Betriebssysteme – und die Auswirkungen in der konkreten Anwendung zu prüfen. Dies ist zwar auch schon immer bei der Entwicklung von SPS-Software notwendig, aber die erhöhte Komplexität eines PCs bedarf weiterer Test durch Auswirkungen, die die eigene Software nicht direkt betreffen.

Der große Vorteil zumindest der Software sei allerdings auch nicht verschwiegen: Bei einer stabilen Umgebung verschleißt sie nicht.

6.6.1 Teleservice

Mit Hilfe einer durchgängigen Vernetzung der Anlage, besteht nicht nur die Möglichkeit, Diagnosefunktionen von zentraler Stelle der Anlage durchzuführen. Ausgestattet mit einem Modem oder anderen Kommunikationsendgeräten wie Satelliten-Kommunikation o. ä., lassen sich alle relevanten Informationen auch von einer entfernten Stelle abrufen. Entweder wird dabei eine Punkt-zu-Punkt-Verbindung über eine Telefon-Leitung aufgebaut, oder man nutzt eine Struktur wie das Internet, um dem entfernten Servicepersonal Zugriff auf die Anlageninformationen zu gestatten.

Man spricht daher bei einer Unterstützung für Inbetriebnahme und Instandhaltung über Entfernungen hinweg von Teleservice bzw. Telediagnose (Abb. 6.3). Telediagnose ist dabei eine Untermenge von Teleservice.

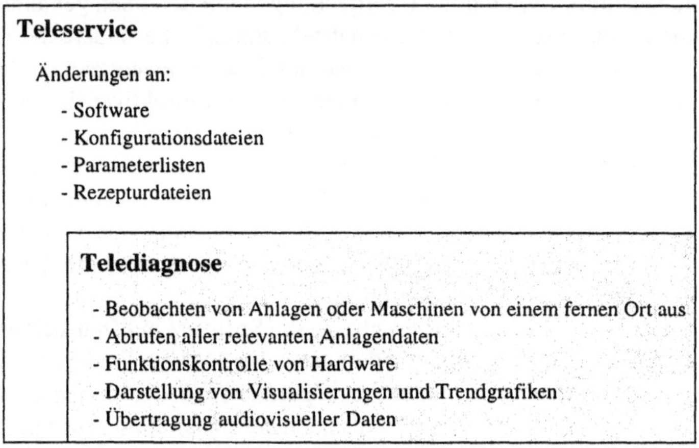

Teleservice

Änderungen an:

- Software
- Konfigurationsdateien
- Parameterlisten
- Rezepturdateien

Telediagnose

- Beobachten von Anlagen oder Maschinen von einem fernen Ort aus
- Abrufen aller relevanten Anlagendaten
- Funktionskontrolle von Hardware
- Darstellung von Visualisierungen und Trendgrafiken
- Übertragung audiovisueller Daten

Abbildung 6.3. Teleservice und Telediagnose

Aus Sicherheitsgründen wird allerdings in der Regel auf eine Beeinflussung der Anlage von außen verzichtet, da Personen im Einflußbereich beweglicher Teile der Gefahr ausgesetzt sind, daß, von ihnen unbemerkt, Funktionen der Anlage in Betrieb genommen werden.

Dienstleistungen zu Teleservice werden oftmals vom Hersteller der Maschine oder Anlage angeboten, da diese mit der gesamten Konfiguration vertraut sind. Einfache Formen des Teleservice, wie die gezielte Übermittlung von Feldbusdiagnosedaten an Feldbushersteller oder Ingenieurbüros per elektronischer Nachrichten (Email), gestatten aber schon eine gewisse Kosten- und Zeitersparnis, da das Servicepersonal direkt erreicht werden kann, keine Qualitätsverluste wie beim herkömmlichen Faxtransfer auftreten und einfach auch größere Datenmengen übermittelt werden können.

Allerdings ist oft seitens des Betreibers einer Anlage, vorallem in Betrieben mit großem technologischen Know-how, die Angst vor Mißbrauch dieser Daten vorhanden. Durch geeignete Zugangskontrollen bzw. Verschlüsselung bei der Datenfernübertragung, sind mögliche Sicherheitsrisiken aber durchaus auszuschließen.

Sämtliche Möglichkeiten des Teleservice treffen natürlich auch auf Applikationen innerhalb des eigenen Unternehmens zu. So lassen sich die eigenen Spezialisten auch weltweit erreichen, eine zentrale Servicestelle abseits der Anlage kann Daten sammeln und über einen längeren Zeitraum verfolgen usw.

6.6.2 Dokumentation

Wesentlich für eine erfolgreiche Wartungs- und Instandhaltungsarbeit ist die verfügbare Dokumentation. Während einige Hersteller nahezu vollständig ihre Handbücher im Internet vorhalten, zeigen sich doch größere Probleme bei der Nutzung von Informationen, wie sie andere bereitstellen. So stellen tiefverschachtelte Dokumentenhierarchien, unübersichtliches Material und eingeschränkte Suchmöglichkeiten Hindernisse für eine schnelle Reaktion im Servicefall dar.

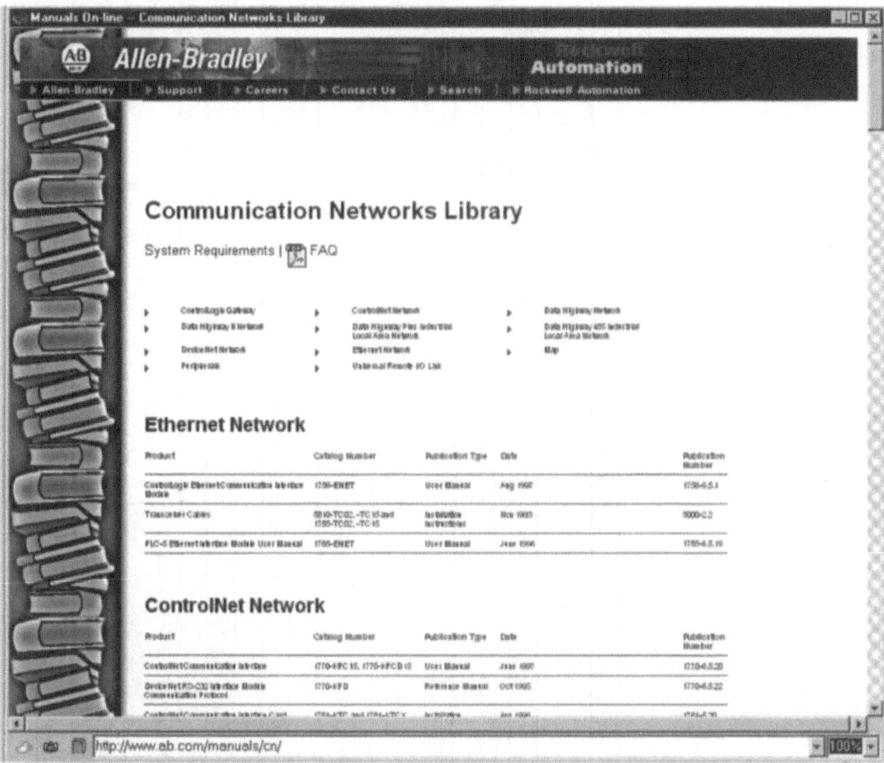

Abbildung 6.4. Beispiel für die Online-Verfügbarkeit von Unterlagen im World Wide Web

6.7 Checkliste der Anforderungen

In Tabelle 6.2 ist ein morphologischer Kasten für die nicht-technischen Aspekte des Feldbuseinsatzes in automatisierten Systemen dargestellt.

Standardisierung					
ISO/OSI-Schichtmodell	1+2	1+2+7	alle	k. A.	
Kommunikationsprofile nach IEC870-5/6	nein	ja			
Geräteprofile	nein	Siemens(GSD)	❒		
Normierung	unwichtig	Unternehmen	DIN	EN	IEC/ISO
Verfügbarkeit					
Service weltweit	unwichtig	wichtig	12h	24h	
Marktdurchdringung im Lieferland	unwichtig	wichtig	Marktführer		
Marktdurchdringung im Anwenderland	National	Europa	Asien	Amerika	Weltweit
Zulieferer	1	>1	>>1, international		
Systemeinheitlichkeit	unwichtig	technisch herausragend	wo technisch sinnvoll	kaufentscheidend	
Kosten					
Herstellkosten	unwichtig	wichtig	kaufentscheidend		
Lizenzgebühren	unwichtig	Stückzahlabhängig	keine für Laufzeitversionen		
Betriebskosten	noch nicht vertrieblich genutzt, wichtig	Wartungskostenabhängig	Bedienbarkeit		
Operator	angelernt, hohe Fluktuation	angelernt, Berufserfahrung	Facharbeiter	erfahrener Facharbeiter	
Wartungspersonal	angelernt	Facharbeiter	Ingenieur	Telepersonal	
Schulungsangebot	unwichtig	wichtig	umfassend		

CA-Tools							
Betriebssystem	gemischt	RTOS/spezial	Unix	DOS	Windows		
					3.x	95/98	NT
Projektierung	unwichtig		wichtig		voll integriert		
- Hilfsmittel	Papier	computerlesbar	computerbasiert	integrierte SW		externe DL	
Programmiertools - PLCOpen Zertifiziert	Base Level		Portability Level		Full-Complience		
Parametrierung	Spezialtool		integriert		feldbusübergreifend		
Standardisierung	unwichtig		GMA 2187		❐		
Fertigung							
Anschlußeinheiten	ab SPS	Buskoppler		S/A-Busse		Klemmenmodul	
- Hot-Swapping	unwichtig		vorteilhaft		notwendig		
- Feldbussystemwechsel	nie		selten		typisch		
Inbetriebnahme							
Diagnose	am Feldgerät	über Anschaltbaugruppe	über Programmiergerät		PC-basiert		
Service							
Zugriff	lokal		weltweit		kontinuierlich		
Infrastruktur	direkter Anschluß		Punkt-zu-Punkt		Netzwerk		
Umfang	wichtigste Daten		vollständiges Prozeßabbild		multimediale Informationen		

Tabelle 6.2. Morphologischer Kasten der nichttechnischen Aspekte

7 Fallbeispiel mit Wirtschaftlichkeitsbetrachtung

Nachdem die unterschiedlichen Anforderungen hinsichtlich der

- technischen Aspekte,
- nicht-technische Aspekte sowie
- Projektabwicklung

vorgestellt worden sind, werden im folgenden anhand einiger Beispiele möglichst realistische Anwendungen sowie den, der Auswahl der Automatisierungstechnik und insbesondere der Feldbussysteme, zugrundeliegenden Überlegungen als Fallbeispiel beschrieben.

Nach einigen Grundüberlegungen und der Einteilung von Teilkomponenten eines automatisierten Systems, folgen als Fallbeispiele:

- Kleinmaschine bzw. Laborgerät
- Hydraulikpresse – Anwendung Maschinenbau (Vergleichsstudie zentral versus dezentral)
- Anlagenbau Holzwerkstoffindustrie
- Maschinenbauanwendung mit Positionieraufgabe und abschließend
- Planung in der Verfahrenstechnik.

7.1 Grundüberlegungen und Klassifizierung

Um die Forderungen an die Feldbussysteme besser einordnen zu können, sollen zunächst die unterschiedlich komplexen Aufgabenstellungen in technischen Systemen erläutert werden (Abb. 7.1).

Der Anwendungsfall Laborpresse entspricht nach dieser Typologie dem Kleingerät. Die hydraulische Presse fällt in die Kategorie Maschine und die komplette Anlage zur Erstellung der Spanplatte fällt in die Kategorie Anlage. Die detaillierten Forderungen sind den morphologischen Kästen (siehe Kapitel 5) zu entnehmen.

Die Einordnung in die Ebenen der Informationspyramide zeigt die Komplexität in vertikaler Richtung.

Für die verschiedenen Ebenen der Informationspyramide werden unterschiedliche Feldbussysteme eingesetzt, wie bereits in den vorangegangenen Kapiteln ausgeführt wurde.

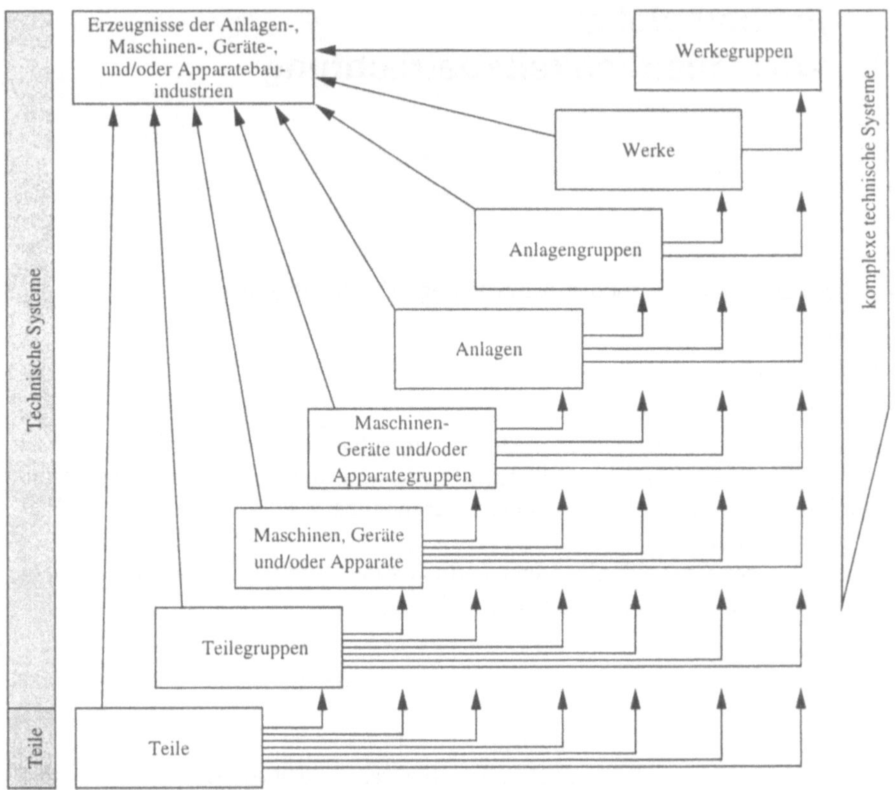

Abbildung 7.1. Einteilung der Erzeugnisse der Anlagen-, Maschinen-, Geräte und Apparatebauindustrien nach Komplexitätsgrad nach Baumann [4]

7.2 Anwendungsfall Kleinmaschine/Laborgerät

In diesem Anwendungsbeispiel sei ein Laborgerät betrachtet, welches für Vorversuche zur Erstellung von Faserplatten benötigt wird und aus dem Anwendungsbereich der Holzindustrie kommt.

Technologisch handelt es sich um eine kleine Hydraulikpresse, in der mittels eines Hydraulikzylinders ein bestimmter Druck auf das in der Presse liegende Material ausgeübt werden soll und zum Schluß des Produktionsprozesses das Produkt in der Presse eine bestimmte Dicke aufweisen soll. Zudem ist eine gewisse Temperatur aufzubringen, um die Durchwärmung des zu pressenden Materials zu gewährleisten, weil nur dann ein Abbinden des Leims stattfindet.

Die steuerungs- und regelungstechnische Aufgabe ist aufgrund der geringen Anzahl an Sensoren (1 Drucksensor) und Aktoren (1 Hydraulikventil, 2 Wegaufnehmer) nicht besonders anspruchsvoll.

System / Kriterium	Systemkennzeichen	Systemtechnische Einordnung nach Baumann	Ebene der Informations-pyramide
Komponente	Automatisierungsgerät, welches eine spezielle zu automatisierenden Unterfunktion ausführt, z.B. Positionierung von Achsen. Diese Aufgabe wird autonom nach einem hinterlegten Programm ausgeführt. Das Gerät erhält Parameter von einer übergeordneten Steuerungseinheit und meldet Istwerte bzw. Programmausführung an dieses System. Die Funktion ist eine Automatisierungsfunktion und keine Produktions- oder Prozeßfunktion z. B. SPS, PC.	Teile	Prozeßebene
Kleingerät	Autonomes Gerät mit einer speziellen Funktion (Prozeß- bzw. Produktionsfunktion), die weitgehend unabhängig von der Systemumgebung ist. Der Datenaustausch zur Systemumgebung läßt sich auf wenige schnelle Daten bzw. eine Standardschnittstelle realisieren. Beispielhaft sei ein Meßgerät genannt.	Geräte	Prozeßebene und Steuerungs- und Regelungsebene
Maschine	Kompletter Teilprozeß oder Produktionsfunktion, z.B. Presse, Trockner oder Beleimung. Die Verkettung zu den vor- und nachgelagerten Prozeßschritten ist unterschiedlich hoch. Die Verknüpfungszahl innerhalb dieser Maschine ist wesentlich höher als zu den vor- und nachgelagerten Maschinen.	Maschinen	Prozeßebene bis Visualisierungsebene
Anlage	Verknüpfung verschiedener Maschinen, Geräte um eine Produktionsprozeß zu realisieren.	Anlagen	Prozeßebene bis Prozeßleitebene

Tabelle 7.1. Strukturierung eines automatisierten Systems, systemtechnische Einordnung nach Baumann [4]

Interessant an dieser Anwendung, ist jedoch die Forderung nach einer Integration einer Mensch-Maschine-Schnittstelle mit speziellen Funktionen, wie Trendkurven über die gefahrenen Drücke, Wege, Temperaturen u. ä. Außerdem soll das

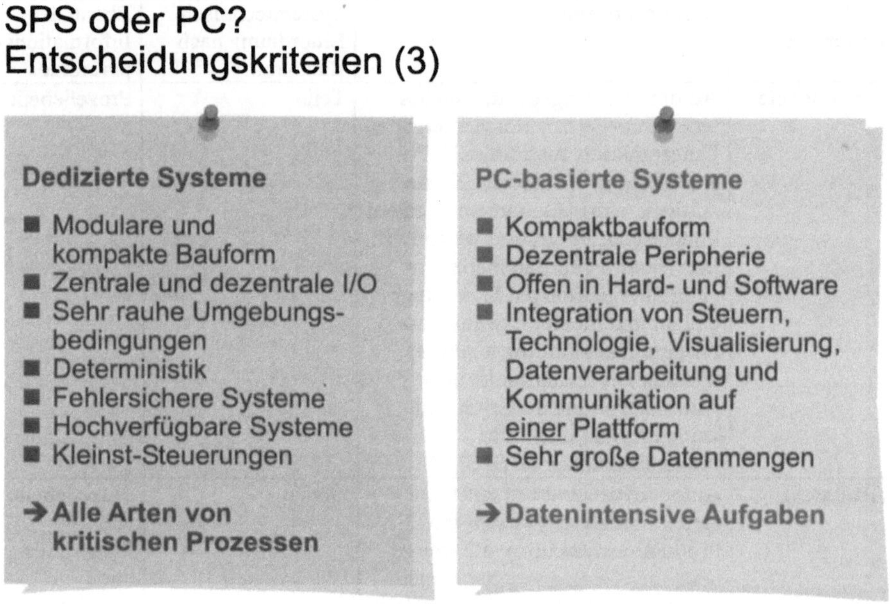

SPS oder PC? Entscheidungskriterien (3)

Dedizierte Systeme

- Modulare und kompakte Bauform
- Zentrale und dezentrale I/O
- Sehr rauhe Umgebungsbedingungen
- Deterministik
- Fehlersichere Systeme
- Hochverfügbare Systeme
- Kleinst-Steuerungen

→ Alle Arten von kritischen Prozessen

PC-basierte Systeme

- Kompaktbauform
- Dezentrale Peripherie
- Offen in Hard- und Software
- Integration von Steuern, Technologie, Visualisierung, Datenverarbeitung und Kommunikation auf einer Plattform
- Sehr große Datenmengen

→ Datenintensive Aufgaben

Abbildung 7.2. Entscheidungskriterien SPS kontra PC, mit freundlicher Genehmigung der Siemens AG. Mit einem dedizierten Gerät ist eine SPS oder ein spezieller Prozeßrechner gemeint.

Maschinenprogramm, also die Folge der Ablaufsteuerung, durch einen Verfahrenstechniker einfach geändert und um weitere Sensoren erweitert werden können.

Dieses Kleingerät steht unter hohem Kostendruck, während dagegen die Verfügbarkeit nicht kritisch ist, da keine Verkettung mit anderen Maschinen vorliegt; das Einsatzgebiet ist weltweit. Aufgrund der Kriterien Verfügbarkeit, Stand-Alone-Gerät und Kostendruck ergibt sich als optimales Konzept für diese Aufgabe der Einsatz einer PC-gestützten Automatisierungslösung mit Soft-SPS auf PC-Basis.

Die Funktionen Automatisierungsprogramm mit Steuerung und Regelung, Mensch-Maschine-Schnittstelle mit Statusanzeigen und historischen Trendings sowie Programmiereinheit werden von einem IPC übernommen (Abb. 7.3).

Die Anforderungen an die Zykluszeit von 5 – 10 ms lassen sich aufgrund der geringen Anzahl von Sensoren mit verschiedenen auf dem Markt befindlichen integrierten Feldbus- und PC-basierten SoftSPS-Lösungen erfüllen.

Die Problematik der Echtzeitanforderungen stellt sich bei dieser Kleinmaschine nicht. Auch aufgrund der Verfügbarkeitsüberlegung ist der Einsatz eines IPC zulässig.

Bei Anwendungen mit Echtzeitanforderungen, d. h. mit deterministischen Anforderungen an die Abarbeitungszeit und das Systemverhalten, sind PCs unter Windows NT (ohne Modifikation) in der Automatisierungstechnik nur bei langsameren Anwendungen sinnvoll einsetzbar.

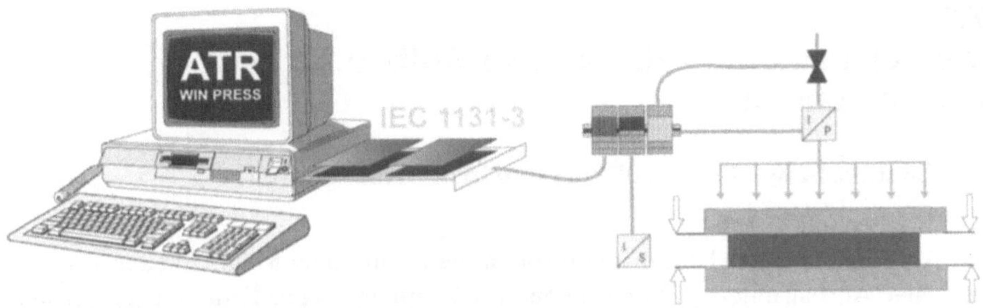

Abbildung 7.3. Steuerung einer Laborpresse mit PC – Bild mit freundlicher Genehmigung der Firma ATR Industrie-Elektronik

Problematisch erweist sich hierbei die Verzögerung bei Windows NT, beispielweise bei Plattenzugriffen oder großen Datenübertragungen von einem übergeordneten Netzwerk (siehe Abb.7.4). Dadurch kann die zeitkritische Regelaufgabe im schlimmsten Fall unkontrolliert verlaufen, weil das System keine definierte Zeit zur Verfügung stellt, die sich in die Regelaufgabe einplanen läßt und in der sie ablaufen kann (nicht echtzeitfähig). Bei der Integration von Bedien- und Steuerungsaufgaben auf einem PC ist zu beachten, daß neben der Bedienung (z. B. haben Mausaktionen eine hohe Priorität in Windows NT), ausreichend Zeit für die Steuerungsaufgabe verbleibt.

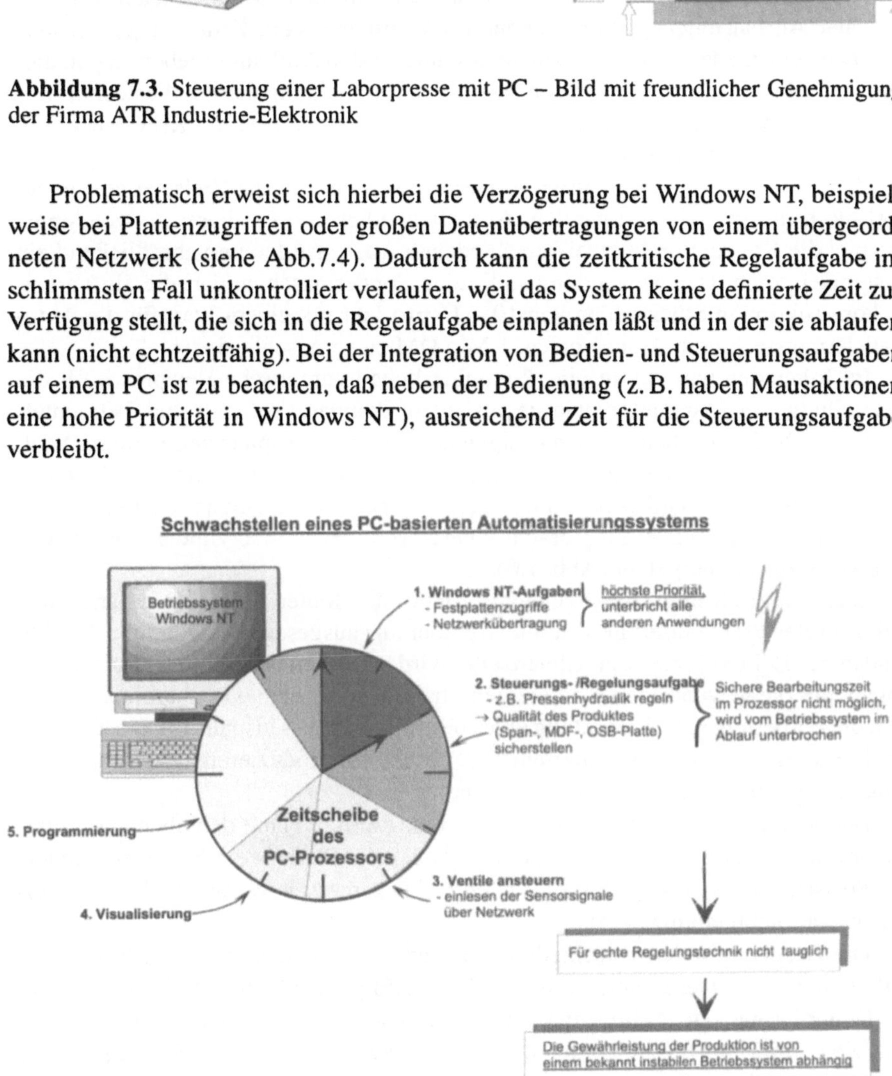

Abbildung 7.4. Probleme bei der Automatisierung mit PC

7.3 Vergleichsstudie – dezentraler Aufbau für den Maschinenbau

Applikationsbeispiel Hydraulikpressen in der Holzindustrie

Am Beispiel einer Designstudie sollen die technischen Möglichkeiten zum dezentralen Aufbau untersucht und anhand von kaufmännischen Kriterien geprüft werden. Die verschiedenen Möglichkeiten des dezentralen Aufbaus ergeben sich in diesem Praxisbeispiel bereits aus der historischen Entwicklung der Feldbustechnik.

Für die Systemauswahl der Automatisierungstechnik, sind die Kriterien wie in Abb. 7.5 dargestellt zu bewerten.

Zunächst soll die Applikation vorgestellt werden und die Zielsetzung für dezentrale Konzepte erläutert werden. Anschließend erfolgt für dieses Anwendungsbeispiel die Konzeption in zwei verschiedenen Ausbaustufen und abschließend ein Systemvergleich. Die Anwendung stellt eine Sondermaschine dar, die als Variantenkonstruktion in Stückzahlen von 10 – 16 pro Jahr mit einem Wert für die Automatisierungstechnik in Höhe von ca. 1 Mio DM zu veranschlagen ist.

Im folgenden wird somit eine kontinuierliche hydraulische Heizpresse für die Herstellung von Spanplatten, wie sie aus jedem Baumarkt bekannt sind, betrachtet.

Solche hydraulischen Pressen bringen hohe Kräfte (beispielsweise 300 bar) auf. Sie bestehen in der Regel aus sogenannten Rahmen, die diese Kräfte aufnehmen.

Im vorliegenden Fall wird mittels sechs Hydraulikzylindern an jedem Rahmen, eine Kraft auf die Matte aufgebracht. Diese sechs Hydraulikzylinder sind jeweils paarweise zusammengefaßt (Abb. 7.6).

Technologisch muß die sogenannte Matte, das Material aus Holzspänen und Leim, in der Presse einer bestimmten Temperatur ausgesetzt werden, um das Abbinden des Leims einzuleiten. Gleichzeitig wird sie einem bestimmten Druck unterzogen, um die gewünschten Platteneigenschaften zu erzielen. Darüberhinaus ergibt sich die Forderung nach Einhaltung eines bestimmten Pressenspalts (s), um am Ende der Presse eine Platte mit definiertem Maß (Dicke) zu produzieren. Diese Parameter müssen regelungstechnisch beherrscht werden.

Betrachtet man nun den Rahmen der Presse (Abb. 7.7) mit den oben ausgeführten drei Kräften, erkennt man, daß, um die Dicke der Platte beeinflussen zu können, der Pressenspalt (s) sowohl links als auch rechts gemessen werden muß. Dazu werden Wegaufnehmer eingesetzt.

Die Drücke p in den verschiedenen Systemen, sind ebenfalls über Drucktransmitter zu messen. Der Druckauf- bzw. -abbau erfolgt über Schaltventile, d. h. Ventile, die nur Öffnen oder Schließen können. Die ausgewählten Schaltventile benötigen eine Zeit von 75 ms für die komplette Öffnung und dürfen nur zwei Schaltspiele pro Sekunde ausführen (Beispielannahmen).

Damit ergeben sich Restriktionen hinsichtlich der Zykluszeit, die unten weiter ausgeführt werden.

Anzahl I/O	< 250	< 1000	1000 - 3000	> 3000			
Verhältnis A/D zu I/O	1:10	1:4	1:2	1:1	2:1	4:1	
Anlagenausdehnung [m]	40	150	1000	>1km			
Konzentration [I/O pro 50m]	4	32	100	500	Mischungen		
Modularität / Granularität für > 50%	< 2	2-4	5-8	8-16	>16	Mischungen	
Spezialgeräteanschaltung	keine	gering	viele	überwiegend			
minimale Zykluszeit Bus in [ms]	< 1	5 ≥ ≥ 1	10 > ≥ 5	50 > ≥ 10	100 > ≥ 50	>1	>10
minimale Zykluszeit Steuern, Regeln, Pos. in [ms]	< 1	5 ≥ ≥ 1	10 > ≥ 5	50 > ≥ 10	100 > ≥ 50	>1	>10
Echtzeitanforderungen	keine	bedingt	absolut				
Feldgeräte	digitale I/O	digitale + analoge I/O	intelligente Feldgeräte (mit MP)	Meßgeräte	Teilmaschinen		
Modulare Maschinen / Funktionen	nicht vorhanden	bedingt vorhanden	nahezu komplett	< 5 Signale zum Austausch, Verkettung			
Notwendige Redundanz	keine	Steuerung	Bus	I/O-Ebene			
Temperatur °C – Einsatzort	0 bis +30	-20 bis +40	< -20 bis > +40				
Temperatur °C – Umgebung	0 bis 40	-10 bis +55	-20 bis +75	<-20 und > +75			
Feuchte [%]	< 75	76 bis 89	90 bis 95	> 95			
Ex-Bereich, sonstige Normen	VDE/DIN	UL, NEMA, CSA, Austral. Standard	sonstige	Ex-Bereich			
Standardisierung	gering/kunden-spezifisch	Kunde wählt SPS aus	Varianten-konstruktion	hoch, nur Standard			
EMV (Störfestigkeit) EN 50082	Industriebereich	Wohnbereich	Hochempfindliche Meßgeräte + FU				
Sicherheitskategorie EN 954-1	1	2	3	4			
Anlagenverfügbarkeit	2-Schichtbetrieb	85 bis 95 %	95 bis 98 %	> 98%			
Service weltweit	unwichtig	wichtig	12 h Service	24 h Service			
Ersatzteile weltweit	unwichtig, da selber gelagert	wünschenswert, Marketingargument	notwendig, da nicht vorhanden				
Marktdurchdringung im Lieferland	unwichtig	wichtig	nur Marktführer				
Einheitlichkeit der Systeme	unwichtig	technisch bestes System	wo technisch sinnvoll	alles aus einer Hand			
Herstellkosten	unwichtig	wichtig	kaufentscheidend				
Betriebskosten	noch nicht vertrieblich genutzt, wichtig	Kaufentscheidung nach Wartungskosten/	Bedienbarkeit				
Qualifizierungsniveau							
Operator	angelernt, starke Fluktuation	angelernt, Berufserfahrung	Facharbeiter	Erfahrener Facharbeiter			
Wartungspersonal	angelernt	Facharbeiter	Ingenieur				

Abbildung 7.5. Morphologischer Kasten für die Anwendung Hydraulikpresse

Durch das Öffnen eines Druckaufbauventils wird also Hydrauliköl in den Hydraulikzylinder strömen und damit der Druck ansteigen. Durch das Öffnen eines Druckabbauventils wird, wie der Name schon sagt, der Druck wieder abgebaut.

Durch den Druckaufbau wird abhängig vom Gegendruck der Matte der Presspalt kleiner und damit die Matte dünner. Durch den Druckabbau wird der Presspalt größer und die Matte dicker. Soweit zum Funktionsprinzip einer Hydraulikpresse.

Für die automatisierungstechnische Umsetzung dieses vereinfacht beschriebenen Regelkreises wurde bis 1993 ein heterogenes Automatisierungssystem aus speicherprogrammierbarer Steuerung für die logischen Verknüpfungen und einem Mi-

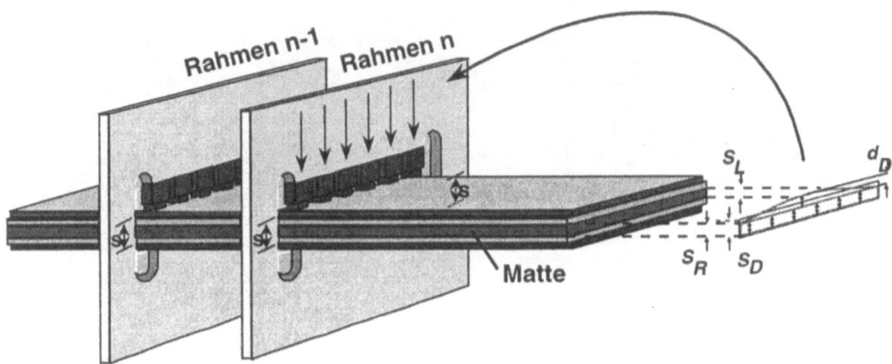

Abbildung 7.6. Aufbau eines Pressenrahmens für Span- und Faserplatten

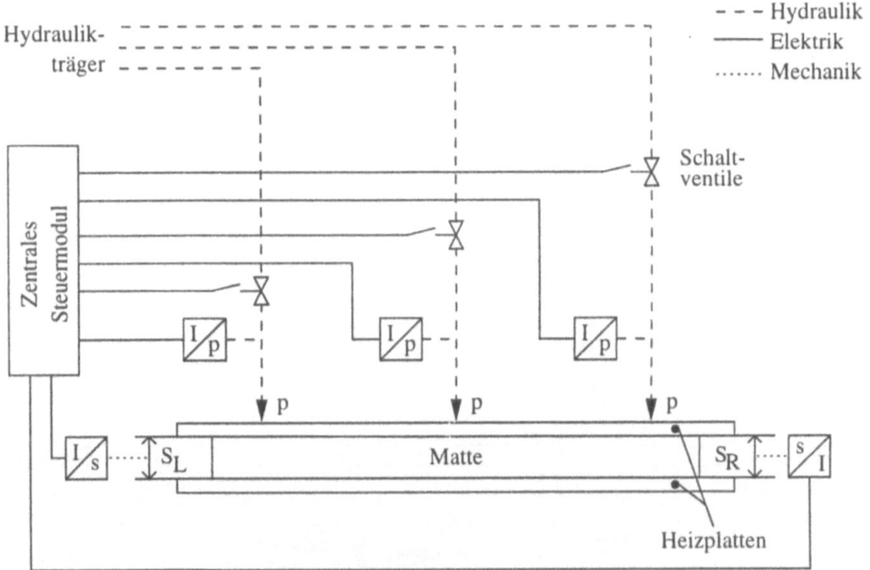

Abbildung 7.7. Prinzipielle Regelung eines Pressenrahmens

kroprozessorsystem für die Regelungstechnik eingesetzt. Beides befand sich in einem zentralem Aufbau ohne Einsatz eines Feldbussystems.

Es soll davon ausgegangen werden, daß eine Zykluszeit für den kompletten Ablauf (siehe Abb. 7.8) nicht unter 250 ms liegen muß (zwei Schaltspiele ergeben vier mögliche Ansteuerung pro Sekunde).

Die Verfügbarkeit von ausreichend leistungsfähigen Feldbussystemen, wie dem Interbus und dem Profibus DP, erlauben es, den Feldbus zunächst als Sammler der Ein- und Ausgänge zu benutzen.

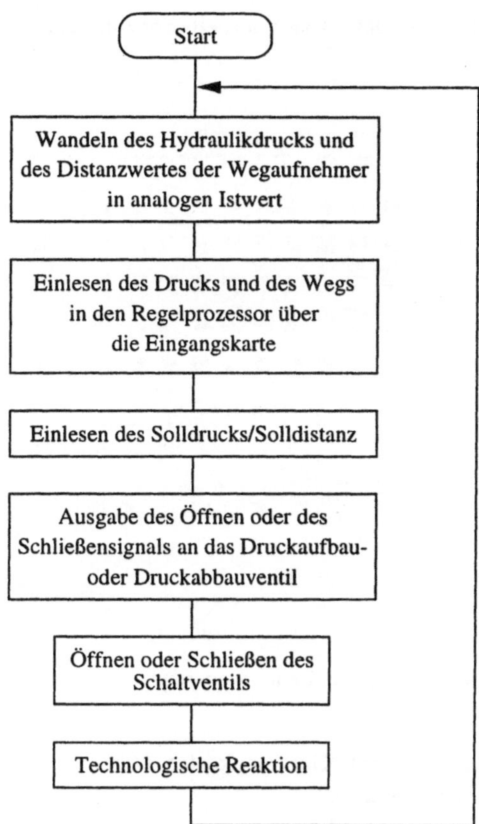

Abbildung 7.8. Einzelschritte der Druckregelung

Zur Prüfung dieses Konzeptes, ist eine Zeitabschätzung durchzuführen. Eine technologisch bedingte Neukonzeption erforderte darüber hinaus den Einsatz von Proportionalventiltechnik.

Proportionalventile können die Durchflußmenge an Hydrauliköl dosieren, indem die Größe der Öffnung des Ventils verändert wird. Diese Ventilöffnung kann über einen Positionsgeber überwacht werden. Die Dynamik der ausgewählten Proportionalventile ist dagegen erheblich größer. So ist eine komplette Öffnung in nur 15 ms möglich.

Beim Einsatz des Feldbussystems als Sammler der Ein-/Ausgänge würde die Regelung weiter auf den zentralen Automatisierungsgeräten durchgeführt werden.

Betrachtet sei ein solcher beispielhafter Aufbau der Klemmenkästen für eine 48 m lange Maschine. Aufgrund der Tatsache, daß es sich um eine Heizpresse handelt, die in der direkten Umgebung einer Temperatur von 45°C erzeugt, ist die Kabelführung durch die Presse problematisch (für die Wegaufnehmerkabel insbesondere aufgrund der Tatsache, daß es sich um ein Spezialsignal und somit ein Spezialkabel handelt).

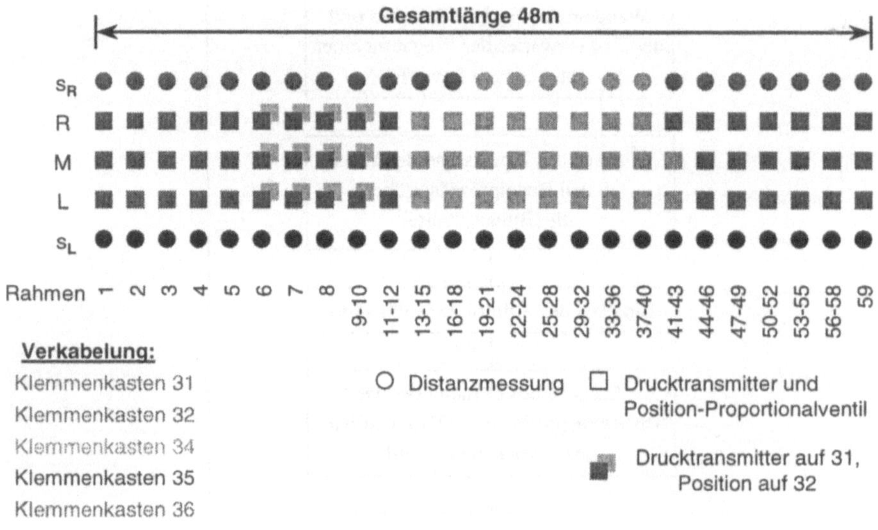

Abbildung 7.9. Aufbau der Presse mit Zentralsteuerung

Die Verteilung auf die fünf Klemmenkästen (Abb. 7.9) zeigt, daß ein relativ zentrales Konzept gewählt wurde.

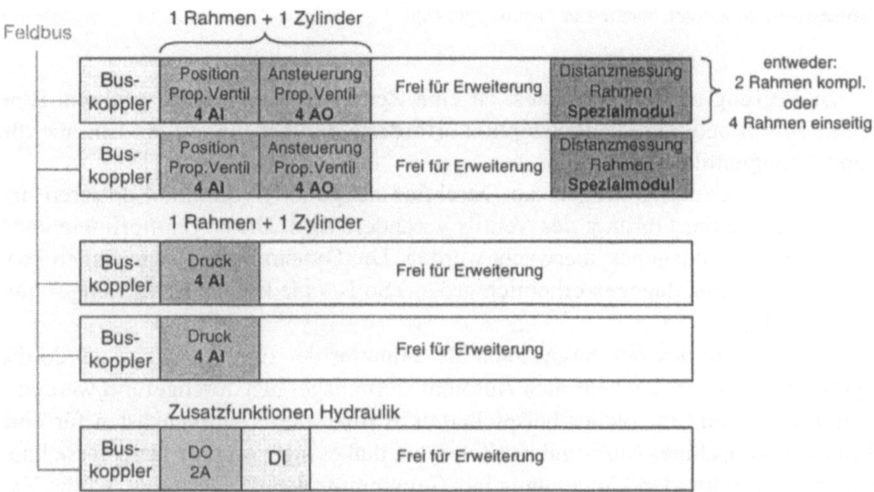

Abbildung 7.10. Modularisierungsansatz am Beispiel K32

Die Systematik der möglichen Aufteilung der Module auf die Lokalbusstränge am Beispiel des Interbus, zeigt die Abbildung des Klemmenkastens K32 (Abb. 7.10). Bei der Aufteilung der Module auf die unterschiedlichen Lokalbusse (Interbus) ist zu beachten, daß die maximale Leistung nicht überschritten wird, die Anzahl der Module beim Interbus (ST-Bauweise) nicht größer als acht ist und beim Ausfall eines Buskopplers die Anlage eventuell noch geregelt leergefahren werden kann.

7.3.1 Erläuterung der Busaufteilung

Die Einsparung der Verkabelung ist, verglichen mit einer Verdrahtung aller Sensoren/Aktoren bis zu einem zentralen Schaltraum, der bis zu 200 m entfernt liegen kann, sicherlich erheblich. Den direkten Einsatz vor Ort begründet dies jedoch noch nicht. Die Klemmenkästen werden aufgrund der Temperaturprobleme noch in ca. zwei Metern Abstand von der Maschine angebracht, was weiterhin die Notwendigkeit von Trassen oder Kabelkanälen von der Maschine zum Klemmenkasten bewirkt.

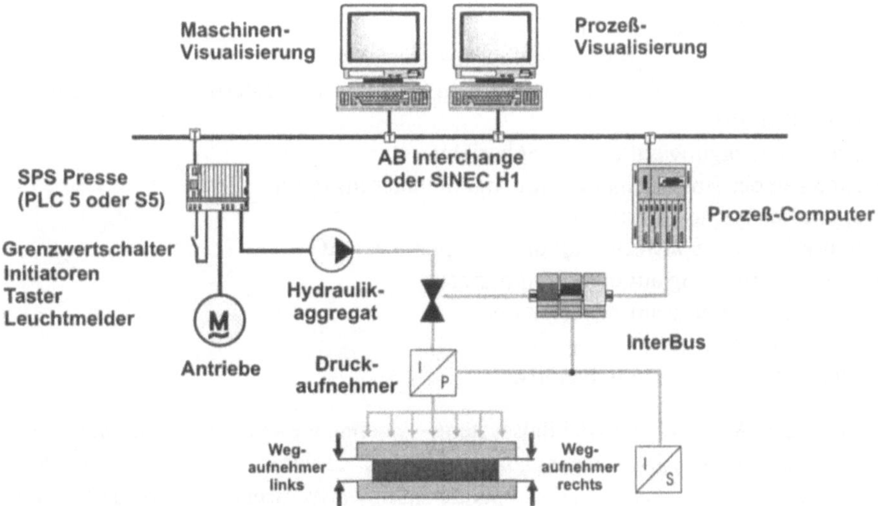

Abbildung 7.11. ContiRoll dezentraler Aufbau

Zur Zykluszeit mit Feldbussystem und Proportionalventilen ergibt sich ein gänzlich anderes Bild als die Abschätzung mit den Schaltventilen.

Aufgrund der höheren Dynamik der Proportionalventile soll von einer Gesamtzykluszeit von 30 ms ausgegangen werden. Diese setzt sich aus den nachfolgend aufgeführten Zeiten zusammen:

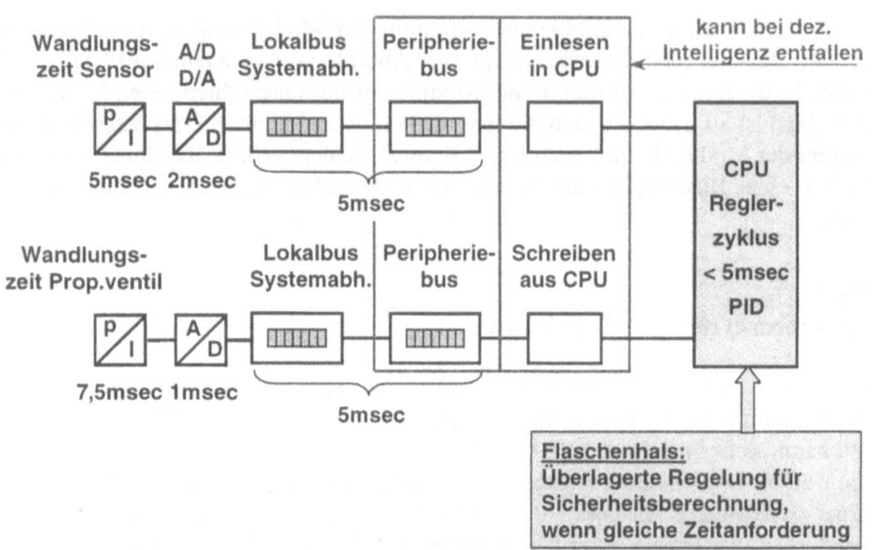

Abbildung 7.12. Zykluszeitbetrachtung mit Feldbus bei zentraler bzw. dezentraler Steuerung

- Wandlung des Sensorsignals
- Analogeingangsbaugruppe (Feldbusmodul)
- Zeit für die Datenübermittlung auf dem Lokalbus (bei Interbus und Profibus DP mit ET 200S)
- Datenübertragung auf dem Peripheriebus
- Einlesen der Busanschaltung im Automatisierungsgerät
- eigentlich Reglerzykluszeit
- Schreiben des Sollwertes auf die Backplane des AG
- Datenübertragung auf dem Peripheriebus
- Datenübertragung auf dem Lokalbus
- Ausgangsbaugruppe
- Stellzeit des Proportionalventils.

Bei der Auswahl des Feldbussystems ist eine wesentliche Komponente die Wandlungszeit der Ein-/Ausgangsbaugruppen sowie deren Wandlungsgenauigkeit, wenn, wie im vorliegenden Fall, schnelle Analogwertverarbeitung gefordert ist. Die eigentliche Busübertragungszeit ist dabei eher von untergeordneter Bedeutung.

Beispielsweise ist die Wandlungszeit für einen schnellen Analogeingang beim Interbus, bei einer Auflösung von 12 bit Genauigkeit pro Kanal 10 μs, wobei ein Prozeßdatenupdate allerdings erst nach 0,75 ms pro Kanal stattfindet (3 ms für alle Kanäle), d. h. die Daten *an* der SPS-Anschaltung anstehen und dann dort weiterverarbeitet werden. Betrachtet wurde hier ein Modul IB ST 24 AI 4/SF4 von Phoenix Contact.

Als mögliche Einflußfaktoren für die Reduzierung der Buszykluszeit lassen sich beispielsweise beim Interbus die Anzahl der Busteilnehmer pro Fernbus reduzieren und somit mehrere Busanschaltungen einsetzen. Dies muß selbstverständlich vom Automatisierungsgerät unterstützt werden, und der Mehrpreis für eine Busanschaltung ist zu berücksichtigen.

Die Zykluszeit für den Interbus beträgt nach [35]:

$$T_Z = t_{bit} * (13 * 6 + 13 * n + 2 * m)$$

wobei t_Z die Zykluszeit, n die Anzahl der übertragenen Bytes und m die Anzahl der Busteilnehmer ist. t_{bit} ist die Zeit, die zur Übertragung eines Bits benötigt wird, sie beträgt bei 500 kBaud genau 2 μs. Zudem wird der Feldbus nur zum dezentralen Einsammeln der Sensoren und Aktoren benutzt und nicht zum dezentralen Regeln.

Im folgenden soll die Konzeption des dezentralen Regelns genauer betrachtet werden.

7.3.2 Zielsetzung für den dezentralen Aufbau

Die Kostensenkung der Herstell- und Betriebskosten steht im Vordergrund der Überlegungen. Dabei sind in der Konstruktion, d. h. in der Hard- und Softwareerstellung für diese Maschine, die Einsparpotentiale zu beachten.

- Herstellkosten
  - Konstruktion
    - ▷ Wiederverwendbarkeit durch Standardmodule (CAD)
  - Inbetriebnahmekosten reduziert
    - ▷ Vormontagegrad erhöht
    - ▷ Feldbus am Hydraulikträger (Problem: Temperatur)
      - · Verkabelungsaufwand durch Feldbus reduziert
    - ▷ dezentrale Konzeption
      - · vorgetestete Systeme und Software
      - · Modularität erhöht
- Betriebskosten
  - Ersatzteilhaltung (Komplettmodul)
  - Einfacherer Aufbau
  - Schwerere Diagnose wegen Verteiltheit

Im Wesentlichen wird die Konstruktion auf Basis dieses Standardmoduls für einen Pressenrahmen bzw. ein Rahmenssystem, wie ein Baukasten zusammengefaßt. Die Aufteilung auf unterschiedliche Lokalbusstränge entfällt damit. Es können Standardmodule im CAD erstellt und Standardsoftwaremodule benannt werden, die nur noch parametriert werden müssen.

Ein wesentlicher Vorteil ist sicherlich die Möglichkeit, die Standardmodule komplett im Werk mit der Hydraulik vorzutesten. Dies läßt sich allerdings nur durchführen, wenn eine Vorverkabelung im Werk machbar ist und diese nicht für den Transport oder aufgrund der unbekannten Verkabelungsmöglichkeiten (Trassenlänge oder Kabelkanäle) wieder gelöst werden muß.

Ein Modul Pressenrahmen hat beispielsweise zwei Wegaufnehmer, drei Drucktransmitter und drei Positionsgeber an den Proportionalventilen. Würde ein dezentraler Aufbau mit dezentraler Regelung für jeden Pressenrahmen angestrebt, so müßte ein Modul genau auf diese Anforderungen zugeschnitten sein.

Für die Wegaufnehmer soll ein SSI-Signal, für die Drucktransmitter ein 4 – 20 mA-Analogsignal und für die Positionsgeber an den Proportionalventilen ebenfalls ein 4 – 20 mA-Signal angenommen werden. Für die Ansteuerung der Proportionalventile wird ein Analogausgang ebenfalls mit 4 – 20 mA benötigt (das Ausgangssignal muß in der Regel verstärkt werden).

Geht man von den modernen klemmenbasierten Feldbusmodulen aus, so werden jeweils zwei Ein-/Ausgänge angeboten. Daraus ergibt sich ein optimales Modul mit drei Busmodulen und jeweils fünf Analogeingängen, einem SSI-Modul, und zwei Analogausgangsmodulen, wobei eine Klemmstelle frei bleibt. Auf der Busanschaltung wäre die dezentrale Intelligenz zu realisieren und die Regelung für diese eine Rahmeneinheit auszuführen.

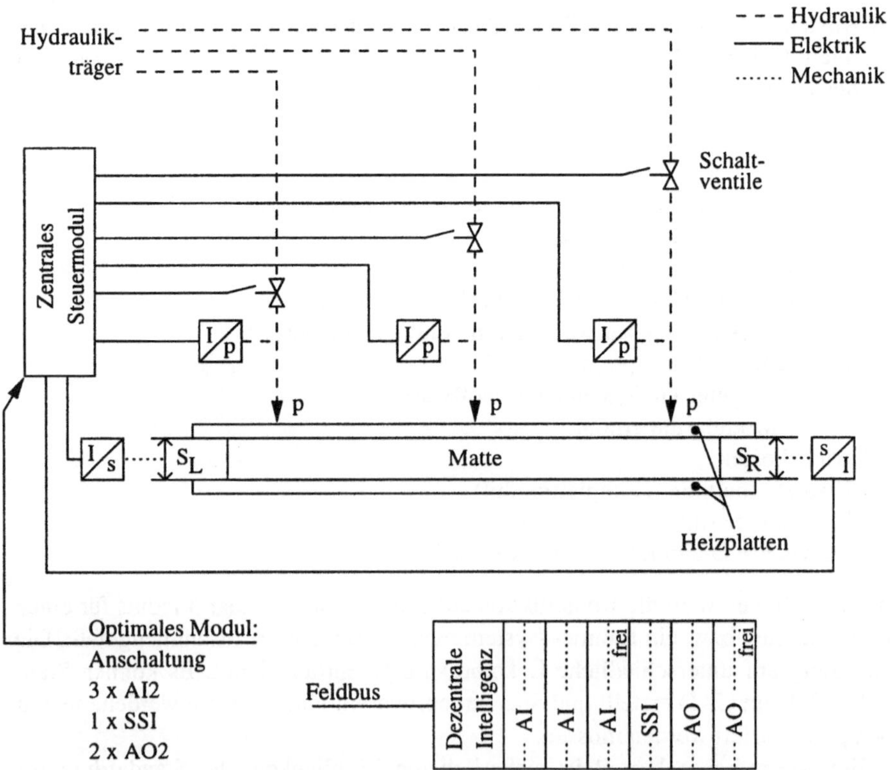

Abbildung 7.13. Modularisierungskonzept für einen Pressenrahmen

Die Zusammensetzung der Presse aus den Basismodulen ergibt sich automatisch.

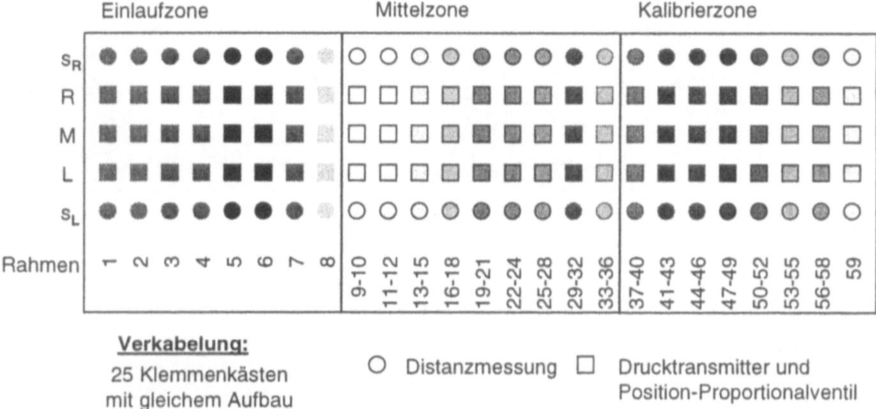

Abbildung 7.14. Zusammenstellung der Presse aus Basismodulen

Bei absolut dezentralem Aufbau würden sich, entsprechend der Hydrauliksysteme, Klemmenkästen mit identischem Aufbau ergeben. Um den Vorteil der Verkabelung optimal zu nutzen, könnte die Anordnung der Klemmenkästen im Pressenkeller stattfinden. Dazu müßten jedoch auch die Hydraulikkomponenten im Keller angeordnet werden. Dort wäre die Temperaturproblematik geringer und somit erst eine funktionsbezogene Modularisierung möglich.

Voraussetzung für dieses Konzept ist jedoch die Beibehaltung der Hydraulikaufteilungen. Sobald anstelle von drei beispielsweise fünf Hydrauliksysteme pro Rahmen oder Rahmengruppe eingeführt würden, müßte ein neues Modul konzipiert werden. Außerdem ist die Zykluszeit für die Regelung zu betrachten.

Die Regelung auf dem Buskoppler hätte, bezogen auf die Zykluszeit, den Vorteil, daß für diese zeitkritischen Vorgänge die Übertragungszeit des Peripheriebusses entfällt. Diese ist jedoch nur in dem Falle vorteilhaft, in dem der Datenaustausch zwischen den intelligenten Unterstationen nicht zeitkritisch ist.

Im vorliegenden Fall soll noch eine weitere Forderung eingehalten werden, nämlich die Überwachung der Rahmen bzw. Rahmengruppen hinsichtlich ihrer Distanzen entlang der Presse. Diese Berechnung soll aus Sicherheitsgründen alle 50 ms ausgeführt werden, wobei die Presse selbst 20 ms benötigt. Daraus ergibt sich leicht, daß es für die Gesamtzykluszeit keinen Vorteil darstellt, dezentral zu regeln.

Abschließend soll dieses Konzept kostenmäßig beurteilt werden.

Bei einer Verteilung auf drei Busstränge ergibt sich ohne die Anschaltbaugruppen und bei einer Aufteilung in die Einlauf-, Mittel und Kalibrierzone eine reine Summe für Feldbuskomponenten in Höhe von DM 21.600. Dabei ist der Preis für eine Einheit auf Basis der in Tabelle 7.2 aufgeführten Daten entstanden. Diese

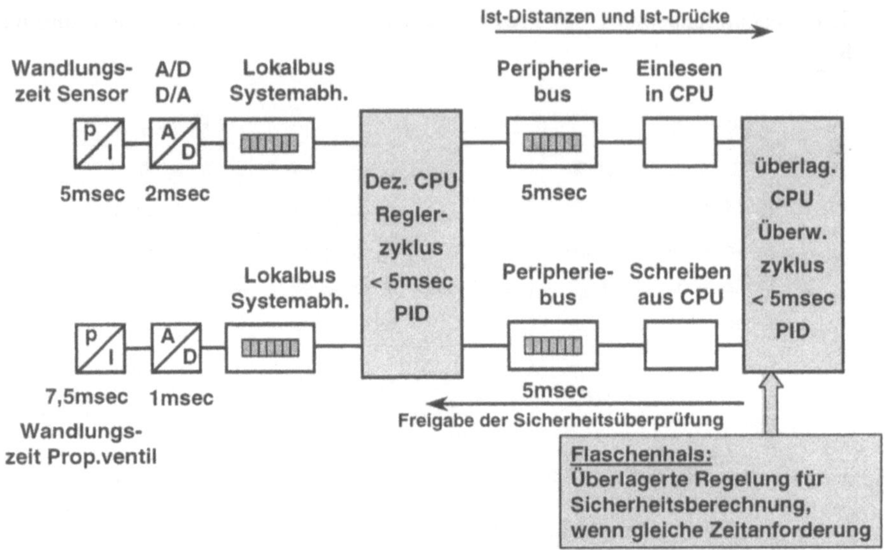

Abbildung 7.15. Zykluszeitbetrachtung für dezentralen Aufbau

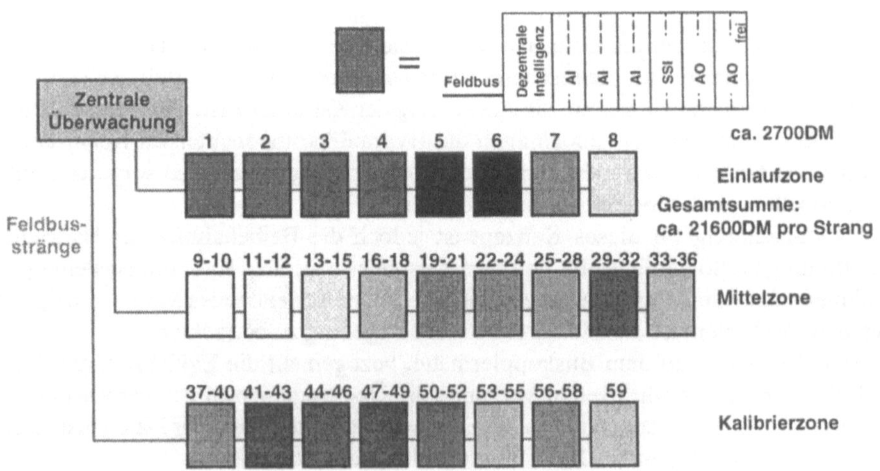

Abbildung 7.16. Buskonzept für absolut dezentrale Steuerung

Angaben entsprechen Durchschnittswerten verschiedener Anbieter aus dem Jahre 1998.

Auffällig sind die hohen Kosten für die Buskoppler mit Intelligenz. Aus dieser Kostenabschätzung und der Notwendigkeit zum Abgleich benachbarter Rahmen, ergibt sich eine alternative Konzeption, die weniger dezentral aufgebaut ist (Abb. 7.17).

Die Klemmenkastenanzahl ergibt sich mit sechs, d. h. es sind jeweils vier benachbarte Rahmen bzw. Rahmengruppen an einem Buskoppler zusammenge-

Modultyp	Preis für 2 Ein-/Ausgänge	Anzahl Module	Gesamtpreis
Analogeingang	300	3	900
SSI-Schnittstelle	400	1	400
Analogausgang	300	2	600
Buskoppler	800	1	800
Summe			2700

Tabelle 7.2. Kosten für ein Modul zur dezentralen Regelung

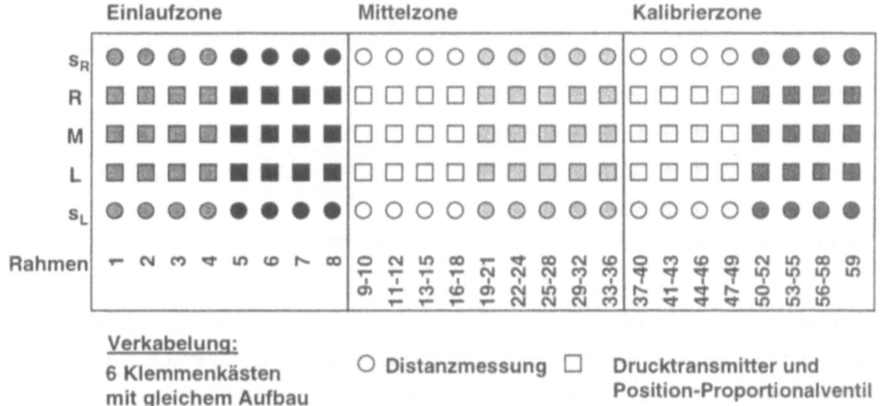

Abbildung 7.17. Zusammenstellung der Presse aus Basismodulen (wenig dezentral)

faßt. Das optimale Busmodul hat ein wesentlich günstigeres Verhältnis von Ein-/Ausgangsmodulen zu dezentraler Intelligenz d. h. dem intelligenten Buskopplermodul (Abb. 7.18).

Die Kostenbasis ergibt sich mit DM 7.500 und damit, im Vergleich zur ersten Variante, einem Minderaufwand von ca. DM 6.600 (reinem Materialaufwand) für einen Strang. Selbstverständlich ist diese Betrachtung nicht sehr realistisch, sie soll vielmehr einige der Einflußfaktoren benennen und im Rahmen der Designstudie die iterative Vorgehensweise verdeutlichen.

Es sind darüberhinaus für die Herstellungskosten zu betrachten:

- Konstruktion
  - Stunden in der Softwareplanung
  - Stunden in der Hardwareplanung
- Fertigung
  - Verkabelungsaufwand im Schaltschrank
  - Verkabelungsaufwand im Feld/an der Anlage sowie Materialkosten (Trasse usw.)
  - Stunden für Verkabelung
- Prüfung
  - Stunden für die Prüfung
  - Stunden für das An- und Abklemmen zur Prüfung.

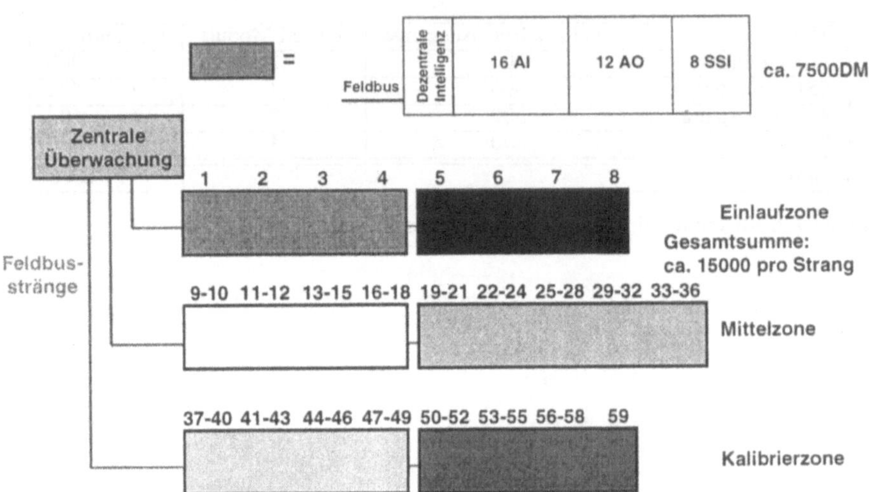

Abbildung 7.18. Buskonzept für wenig dezentrale Steuerung

Leider gibt es noch keine Faustregeln für das Abschätzen dieser Kosten beim Einsatz von klemmenbasierten Feldbussystemen in der Fertigung von Schaltgerätekombinationen im Vergleich zu den bisherigen Mehrstockklemmen.

Einige wesentliche Aspekte sind beim Systemvergleich (Tabelle 7.3) gegenübergestellt worden und mit Punkten von 1 als sehr günstig bis 5 als sehr ungünstig bewertet worden.

	Planung/Fertigung							Inbetriebnahme					Service						
	Konstruktionsaufwand	Materialaufwand	Standardhardware	Komplexität	Flexibilität	Wiederverwendbarkeit	Strukturierung	Vorabtest	Montageaufwand	Verkabelungsaufwand	Fehleranfälligkeit	Parametrierung	Betriebssicherheit	Fehlersuche	Ersatzteilhaltung	Übersichtlichkeit	Schulungsaufwand	Gesamtbewertung	Mittelwert
zentrales Konzept	4 ⊖	3 O	2 ⊕	2 ⊕	5 ⊖ ⊖	5 ⊖ ⊖	5 ⊖ ⊖	5 ⊖ ⊖	5 ⊖ ⊖	5 ⊖ ⊖	3 O	3 O	3 O	3 O	4 ⊖	3 O	2 ⊕	62	3,6
Dez. Konzept	2 ⊕	3 O	4 ⊖	4 ⊖	1 ⊕ ⊕	1 ⊕ ⊕	1 ⊕ ⊕	1 ⊕ ⊕	1 ⊕ ⊕	1 ⊕ ⊕	3 O	2 ⊕	3 O	2 ⊕	1 ⊕ ⊕	2 ⊕	4 ⊖	36	2,1

⊕ ⊕ sehr günstig (1) ⊕ günstig (2) O befriedigend (3) ⊖ ungünstig (4) ⊖ ⊖ sehr ungünstig (5)

Tabelle 7.3. Systemvergleich – Zentraler und dezentraler Aufbau

Die Darstellung der Mittelwerte läßt den Vorteil für das dezentrale Konzept gegenüber dem klemmenbasierten dezentralen Konzept mit dezentraler Intelligenz auf dem Buskoppler, deutlich werden.

Im Maschinen- und Anlagenbau gibt es dennoch erst wenige zögerliche Anwendungen für solch dezentrale Konzepte. Einige Gründe hierfür sind:

- Die Fabrikationsvorschriften der Kunden hinsichtlich der einzusetzenden speicherprogrammierbaren Steuerungen bestimmter Hersteller, lassen sich damit nicht erfüllen.
- Der Kostenvergleich hat gezeigt, daß sich für diese Anwendung ein leicht zentraleres Konzept besser rechnet oder ein spezielles Sondermodul – welches natürlich den Nachteil der aufwendigeren Pflege hat und darauf basierte, daß keine kurzfristigen Änderungen in der Technologie, dem Maschinenbau oder der Hydraulik realisiert werden müssen.

7.3.3 Schlußbetrachtung

Das vorliegende Beispiel einer Designstudie hat für eine bestimmte Anwendung solche konzeptionellen Überlegungen grob skizziert, die gegen eine sehr dezentrale Lösung sprechen. Anhand von sehr vereinfachten Variationen wurde eine optimale Lösung entwickelt.

7.4 Auswahlentscheidung im Anlagenbau

Um das Beispiel nicht zu verlassen, sei nun eine Komplettanlage der Holzindustrie betrachtet. Ein Bestandteil dieser Komplettanlage ist die in 7.3 behandelte kontinuierliche Presse.

Die Komplettanlage ist in mehrere Abschnitte zu unterteilen:

Die *Aufbereitung*: vom Baumstamm bis zum Bunker, hierbei handelt es sich primär um einen verfahrenstechnischen Prozeß mit Chargencharakter, bei dem der Holzstamm zunächst entrindet, zerkleinert und mit Leim gemischt wird.

Die *Formung und Pressung* ist ein kontinuierlicher Fließprozeß. Das mit Leim vermischte Material wird auf ein Band gestreut bzw. angeschüttet und in die Presse eingebracht.

Hinter der Presse erfolgt die *Aufteilung und Abstapelung* der Platten je nach Kundenanforderung. Hierbei handelt es sich um einen Stückgutprozeß.

Diese verschiedenen Prozeßabschnitte haben sehr unterschiedliche Anforderungen an die Automatisierungstechnik und damit auch an ein Feldbussystem.

Durch die Zusammenstellung der Teilanlagen ergeben sich die typischen Anforderungen des Anlagenbaus hinsichtlich der Anlagenverfügbarkeit, des geforderten Service, der Ersatzteilverfügbarkeit, der Einheitlichkeit der Systeme, der möglichst

Kriterium / Prozessabschnitte	Aufbereitung	Formung und Pressung	Aufteilung und Abstapelung
Standardisierung	Zusammenstellung von unterschiedlichen Maschinenteilen aufgrund der Produkte und Durchsatzmengen	Weitgehende Standardisierung und Variantenkonstruktion	Aufgrund räumlicher Anordnung immer Änderungen, einige Standardmodule vorhanden
Anzahl I/O gesamt	2000	1500	1500
Anz. Analog I/O	20	450	10
RäumlicheAusdehnung der Anlage	>1500m	>100m	200-500m
Konzentration der I/O	Sehr gering	Sehr hoch	Mittel
Spezialgeräte	Ja, serielle Schnittstellen	Ja, Antriebstechnik	Ja, Qualitätsmessung
Minimale Zykluszeit	>1s	<5ms	<10ms
Echtzeitanforderungen	Nein	Ja, Pressenregelung	Teilweise, bei Positionierung
Temperaturanforderungen	-20 bis +50	20 – 70 Heizpresse	10-50
Umgebungsbedingungen	Außenbereich	Halle	Halle
Kennzeichen der Steuerungs- und Regelungsaufgabe	Große Antriebsleistungen, Gefährliche Prozesse mit geringem Schwierigkeitsgrad und Verknüpfungstiefe	Schnelle Regelaufgabe mit einer Vielzahl von Sensoren und Aktoren und synchrone Antriebsregelung	Hohe Verknüpfungstiefe in der Steuerung, zeitkritisch bei Positionieraufgaben

Tabelle 7.4. Zusammenstellung der Anforderungen an die Automatisierungstechnik am Beispiel einer Holzverarbeitungsanlage

geringen Betriebskosten sowie des häufig niedrigen Qualifikationsniveaus des Bedienpersonals. Sollen sämtliche Forderungen durch ein einheitliches Feldbussystem erfüllt werden, entfallen Feldbussysteme, die speziell auf die Anforderungen des Einzelprozesses zugeschnitten sind. Für den Anlagenbau gewinnen drei Überlegungen an Bedeutung, die für den Maschinenbau noch von untergeordnetem Rang sind:

Die Automatisierungssysteme müssen weltweit unterstützt werden, und zwar durch Personal der entsprechenden Hersteller und hinsichtlich der Ersatzteile (weltweite Konsignationslager).

Auch die Antriebstechnik muß als komplexeres Gerät an das ausgewählte Bussystem anschließbar sein, was stark vom eingesetzten Antriebshersteller abhängig ist.

Die verschiedenen Zielländer haben unterschiedliche Standardsysteme für die Automatisierung. Aus diesem Grunde muß entweder ein System gewählt werden, welches an alle diese unterschiedlichen Standardautomatisierungsgeräte (SPS) angekoppelt werden kann oder ein System (Klemmenbasis), welches sogar die verschiedenen Bussysteme unterstützt. Dabei sollten die üblichen Diagnosefunktionen voll verfügbar sein.

Die Verfügbarkeit der Module entsprechend den national geltenden Normen ist ebenfalls häufig ein Kriterium, welches viele Feldbussystem sofort ausscheiden läßt (z. B. UL, CSA). Deutlich wird im Anlagenbau die Bedeutung der nicht-technischen Kriterien. Für die technischen Kriterien gilt, daß eigentlich alle Anforderungen vorliegen, weil es sich um einen heterogenen Prozeß handelt.

Die Auslegung im Detail erfolgt immer in Abhängigkeit der konkreten räumlichen Gegebenheiten. Die Standardisierung ist wesentlich geringer.

7.5 Maschinenbauanwendung mit Positionieraufgaben

Im folgenden soll eine weitere Anwendung aus dem Maschinenbau betrachtet werden, und zwar ist in eine schnelle Positionieraufgabe zu lösen, die mehrere Achsen umfaßt.

Die Anwendung ist in die Aufgabenbereiche im Maschinenbau bzw. der Fertigungsautomatisierung einzuordnen: hinsichtlich der Reaktionszeiten auf der Feldebene ergeben sich Anforderungen von unter 5 ms aufgrund der Positionierungsaufgabe.

Charakteristische Anforderungen (siehe auch Tabelle 5.1) in der Feldebene sind z. B. :

- häufig zyklische Übertragung bzw. Abtastung,
- überwiegend kurze Datensätze,
- meist feste Teilnehmerkonfiguration,
- störsichere Übertragung bis 500 m,
- dezentraler Buszugriff und
- Kommunikation mit überlagerten Ebenen.

Ausgehend von mehreren Sensorinformationen („Material kommt“) soll ein Material in variable Längen aufgeteilt werden. Dazu sind zwei Quersägen vorhanden, die wahlweise oder gemeinsam eingesetzt werden können, je nach vorhandener Vorschubgeschwindigkeit des Materials und gewünschter Länge des gesägten Materials.

Im folgenden sei eine kurze nur schematische Zeitbetrachtung erläutert:

Vorschubgeschwindigkeiten:	von 500 mm/s bis 1000 mm/s
Endlängen:	von 3000 mm bis 5000 mm
Breite des Materials:	2500 mm

Der Schnitt muß schräg zum Material verlaufen, damit eine gerade Kante entsteht und außerdem muß der Schnitt abhängig von der Vorschubgeschwindigkeit des Materials mit angepaßter Vorschubgeschwindigkeit des Sägeblattes durchgeführt werden, ansonsten würde ebenfalls keine gerade Schnittkante entstehen.

Abbildung 7.19 zeigt vereinfacht einige der Basisüberlegungen mit fiktiven Zeiten.

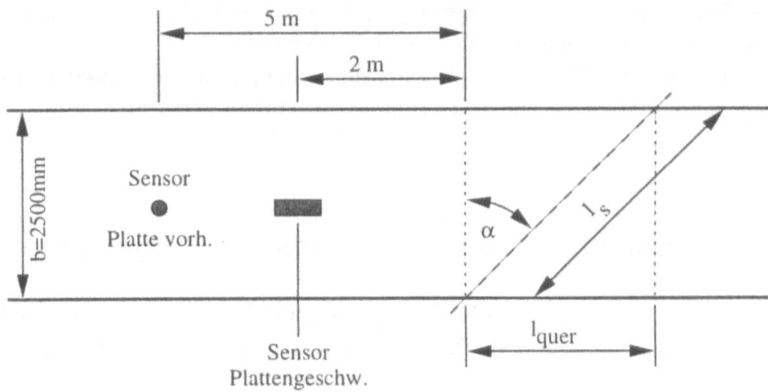

Abbildung 7.19. Überlegungen zum Sägen von Spanplatten

Dabei wurden folgende Annahmen getroffen:

- Schnittwinkel ist technologisch notwendig mit $\alpha = 45^o$
- Maximale Vorschubgeschwindigkeit des Sägeblatts beträgt 10 m/s

Daraus folgt bei einer Materialgeschwindigkeit von $v_m = 1$ m/s:

$$\cos\alpha = \frac{b}{l_s} \quad \Rightarrow \quad l_s = \frac{b}{\cos\alpha} = \frac{2500 \text{ mm}}{\cos 45^o} = 3536 \text{ mm}$$

$$\text{Fahrstrecke} : \tan\alpha = \frac{l_{quer}}{b} \quad \Rightarrow \quad l_{quer} = b\tan\alpha = 2500 \text{ mm}$$

Die zulässige Zeit für den Sägeschnitt beträgt somit bei gegebener Materialvorschubgeschwindigkeit von $v_m = 1$ m/s:

$$t_s = \frac{l_{quer}}{v_m} = 2,5 \text{ s},$$

und die notwendige Sägevorschubgeschwindigkeit beläuft sich auf

$$v_s = \frac{l_s}{t_s} = \frac{3536 \text{ mm}}{2,5 \text{ s}} = 1,4 \text{ m/s}$$

Der kritische Fall ist die höchste Materialvorschubgeschwindigkeit bei kleinster Materiallänge (also v=1 m/s und l=3 m). Aus den Berechnungen geht hervor, daß die Sägenvorschubgeschwindigkeit höher sein muß als die Materialvorschubgeschwindigkeit. Der Geschwindigkeitswechsel mit neuem Materialanfang ist die kritische Stelle: der Sensor muß melden, daß neues Material kommt (2 m Abstand) und der Sensor für die Geschwindigkeit muß diesen Wert ebenfalls erfassen und an die Sägensteuerung weitergeben. Daraus ist die Sägenvorschubgeschwindigkeit zu ermitteln und die Säge zu starten. Dazu stehen 2 m, das entspricht 2 s, zur Verfügung.

Die Steuerung muß also in diesem einfachen Fall eine optimale Verknüpfung zwischen Geschwindigkeitserfassung, Sägenvorschub und Sägeneinsatz bieten. Der interne Regelkreis für den Sägenvorschub soll hier nicht betrachtet werden.

Diese Aufgabe ist prinzipiell über einen sehr schnellen Sensor-/Aktorbus zu lösen. Die Antriebe würden die Informationen über die Vorschubgeschwindigkeit über einen Parameter erhalten, die Anfahr- und Abfahrinformationen sind bereits hinterlegt. Wichtig ist bei der Auslegung des Systems, daß die Berechnung der Vorschubgeschwindigkeit auf einem leistungsstarken Rechner stattfindet, der nicht durch andere Aufgaben ausgelastet ist.

Bei dieser Anwendung mit nur zwei Achsen ist die Auslegung relativ einfach. Bei der Auslegung von 10 oder mehr Achsen wird die Abstimmung zwischen den verschiedenen Fahrachsen zeitkritisch. Hierzu gibt es Konzepte, die Achsen zusammenfassen und auf einem unterlagerten Feldbusteilnehmer die NC-Steuerung mehrerer NC-Achsen durchführen.

Wie die Überlegungen in Kapitel 5 und 6 schon zeigten, stellt sich hier die Frage, ob die Achsensteuerung in der zentralen CPU oder in der dezentralen CPU ausgeführt werden soll, bzw. wie die Aufteilung der Aufgaben auszuführen und welche Intelligenz damit auf dem dezentralen Modul notwendig ist.

Limitiert ist die dezentrale Version sicherlich durch die Anzahl der Achsen, die von dem CNC-Kern bearbeitet werden und durch die Verknüpfung mit übergeordneten Systemen, die über die zentrale CPU erfolgen werden.

Hinsichtlich des Wirtschaftlichkeitsaspektes sind zwischen diesen beiden Varianten keine Unterschiede zu erwarten, es sei denn, die zentrale CPU könnte gänzlich entfallen. Ansonsten sind beide Varianten mit einem Feldbus ausgestattet und nutzen damit schon die Vorteile einer solchen Technik hinsichtlich der Verkabelung, Montage usw.

7.6 Planung in der Verfahrenstechnik

Die Überlegungen bei der Planung eines Profibus PA-Netzes in der Verfahrenstechnik wird ausführlich von Pinkowski [36] erläutert.

Einen Überblick zur möglichen Kostenreduktion bei Verwendung von Feldbussen zeigt Tabelle 7.5.

Für Beispiel I (nur Feldgeräte) wurden die Errichtungskosten für eine Anlage mit 400 Ein-/Ausgangssignalen, bei der 50% der Geräte mit direktem Busanschluß

Kostenart	Beispiel I	Beispiel II
Errichtungskosten	43%	25%
Instandhaltungskosten	25%	keine Angabe

Tabelle 7.5. Kostenreduktion durch Feldbusse in Anlehnung an [36]

und 50% über Buskoppler angeschlossen werden, zugrundegelegt. Beispiel II beschreibt eine Komplettanlage.

Bei den Errichtungskosten wurden nur die Hardware-, Montage-, und Planungskosten für die Feldbusinstallation berücksichtigt nicht jedoch die Feldgeräte und die Leit- und Steuerungsebene.

Insofern sind die Zahlen sicherlich zu optimistisch angesetzt, weil durch die Feldbusankopplung die Gerätekosten durch die zusätzliche Intelligenz steigen. Die Steuerungsebene ist abhängig von der Art der Schnittstelle zu den Geräten.

Pinkowski gibt sehr konkrete Hinweise zur Vorgehensweise bei der Planung unter Berücksichtigung der Verkabelung und der Anforderungen der Verfahrenstechnik wie Ex-Bereich.

7.7 Abschlußbetrachtung

Die Fallbeispiele zeigen nur einen Ausschnitt der Überlegungen beim Einsatz eines Feldbussystems. Eine mögliche Vorgehensweise ist in Abb. 7.20 als Flußdiagramm aufgezeigt und dient als Orientierungshilfe. Die Vorgehensweise ist auf jeden Fall iterativ.

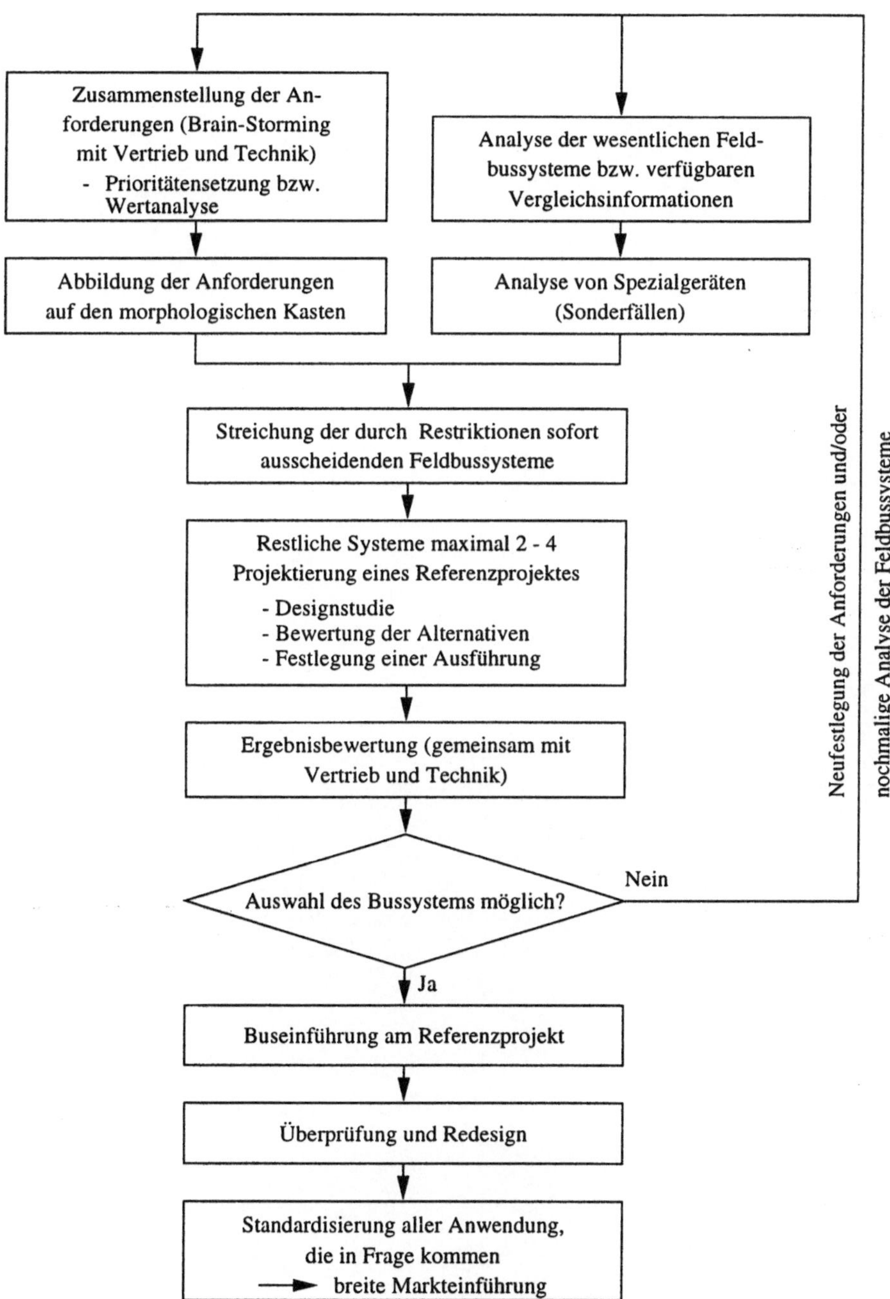

Abbildung 7.20. Iterative Vorgehensweise bei der Auswahl bzw. Einführung eines Feldbussystems

8 Gegenüberstellung: Anforderungen und Leistungsmerkmale

Zum Abschluß sollen die wichtigsten Aspekte zusammengefaßt werden, die in direktem Zusammenhang mit den Feldbussystemen stehen. In einer Checkliste werden diese Punkte übersichtlich dargestellt, um eine einfache Vorauswahl des optimalen Feldbusses für die eigene Anwendung zu ermöglichen. Daher werden jeweils nur die Feldbusse genannt, welche die jeweiligen Anforderung unmittelbar erfüllen.

Viele der Merkmale, die in den vorangegangenen Kapiteln besprochen worden sind, zeigen ein Angleichen der verschiedenen Feldbusse. Ist man aufgrund bestimmter Anforderungen auf einen Feldbus bzw. einen bestimmten Hersteller festgelegt, wird man sehr wahrscheinlich kaum Einschränkungen in Kauf nehmen müssen. Erst bei bestimmten Anforderungen, wie Ex-Schutz, extremen Umgebungsbedingungen, dem Wunsch nach besonders hoher Dezentralität oder Flexibilität, der Beibehaltung eines Klemmenmoduls im Sinne der Standardisierung, sind einige Feldbusse sofort auszuschließen oder die Vorzüge anderer Systeme treten deutlich hervor.

8.1 Checkliste

In den folgenden Aufstellungen sind wichtige Gesichtspunkte bei der Auswahl von Bussystemen aufgeführt. Sind einzelne Eigenschaften von den bestimmten Bauformen abhängig, so wurde jeweils die aktuellste bzw. günstigste vorausgesetzt. Anschließend folgen zu den angeführten Punkten weitere Erläuterungen, die spezielle Punkte der Bussysteme nochmals kurz beleuchten.

	AS-Interface	Interbus-Loop	CAN	LON	Beckhoff II/O	Profibus PA	Profibus DP	Profibus FMS	Interbus	ControlNet	Ethernet
Bussystembedingte Features											
Determinismus	●	●	◐	○	●	●	●	○	●	●	○
max. Ausdehnung	○	○	●	●	●	●	●	●	●	●	●
Übertragungsgeschwindigkeit	◐	●	●	◐	●	○	●	●	●	●	●
Beliebige Topologie	●	○	○	●	○	○	○	○	◐	◐	●
D/A Sensorik	◐	●	●	●	●	●	●	●	●	●	○
Hammingdistanz	○	◐	●	◐	◐	◐	◐	◐	◐	◐	◐
Zulässige Umweltbedingungen											
Ex-Zulassung	○	○	○	◐	○	●	○	○	○	○	○
Schutzart	●	●	◐	◐	◐	●	◐	○	◐	◐	○
LWL-Anschluß	○	○	●	●	●	○	●	●	●	●	●
Installation und Montage											
Montage auf Hutschiene	●	●	◐	◐	●	◐	●	◐	●	◐	○
Stromversorgung der Endgeräte über Busleitung	●	●	◐	◐	○	●	○	○	○	○	○
Einfache Buskabelmontage	●	●	◐	◐	◐	◐	◐	◐	◐	○	○
Einfacher Endgeräteanschluß	●	●	◐	◐	◐	◐	◐	◐	◐	○	◐
Verteiltheit und Modularität											
Modulares Klemmensystem verfügbar	○	○	●	●	●	○	●	○	●	○	○
Übergänge zu anderen Bussystemen	◐	◐	◐	◐	○	◐	◐	○	◐	◐	●
Dezentrale Vorverarbeitung	○	○	●	●	●	○	●	○	●	○	○
Planung und Projektierung											
Projektierungssoftware verfügbar	●	●	●	●	●	●	●	●	●	●	◐
Nutzerorganisationen	○	●	●	●	○	●	●	●	●	●	○
Inbetriebnahme											
Systemübergreifende Parametrierung	◐	●	●	●	●	●	●	●	●	●	○
PC-Diagnosesoftware	◐	●	●	●	●	●	●	●	●	●	●

Tabelle 8.1. Checklisten für die Bewertung und Auswahl von Feldbussystemen. Gefüllte Kreise bedeuten eine besonders gute, halb gefüllte Kreise eine durchschnittliche und leere Kreise eine schlechte Unterstützung des Kriteriums durch das entsprechende Bussystem.

8.1.1 Bussystembedinge Features

	AS-Interface	Interbus-Loop	CAN	LON	Beckhoff II/O	Profibus PA	Profibus DP	Profibus FMS	Interbus	ControlNet	Ethernet
Determinismus	●	●	◐	○	●	●	●	○	●	●	○
max. Ausdehnung	○	○	●	●	●	●	●	●	●	●	●
Übertragungsgeschwin-digkeit	◐	●	●	◐	●	○	●	●	●	●	●
D/A Sensorik	◐	●	●	●	●	●	●	●	●	●	○
Beliebige Topologie	●	○	○	●	○	○	○	○	◐	◐	●
Hammingdistanz	○	◐	●	◐	◐	◐	◐	◐	◐	◐	◐

In Hinblick auf Möglichkeiten, die speziell auf einige der hier vorgestellten Feldbusse zugeschnitten sind, seien die deterministische Übertragung, Ausdehnung, Übertragungsgeschwindigkeit, Topologie, Anschluß an digitale und analoge Sensorik sowie Sicherheit in der Übertragung genannt. Durch die zum Teil gegensätzlichen Anforderungen, läßt sich nur schwer ein besonderer Feldbus herausstellen. Erst wenn einzelne, besondere Anforderungen zu erfüllen sind, hat das eine oder andere System ein Alleinstellungsmerkmal. So können als klassische Feldbusse, d. h. solche mit deterministischem Übertragungsverhalten, nur AS-Interface und LON mit einer beliebigen Topologie aufwarten. Allerdings bietet AS-Interface von Hause aus keine Einbindung von analogen Sensoren. Dagegen stellt die maximale Ausdehnung in der Regel kein Problem dar. Bis auf die ausgewiesenen Lokalbusse AS-Interface und Interbus Loop ist die vernetzbare Distanz direkt mit Systemmitteln oder aber über Segmentbildung mit Routern für die meisten Anwendungen ausreichend.

Besonders hohe Übertragungsgeschwindigkeiten sind sehr oft keine praktische Anforderung der Automatisierungslösungen, dagegen ein wesentliches Marketinginstrument. Daher glänzen hier die härtesten Konkurrenten mit hohen Datenraten, bei denen sich die Frage stellt, ob sie auch unter harten Industriebedingungen (EMV) sinnvoll gefahren werden können. Ist eine sichere Übertragung schon vom Systemprotokoll gefordert, kann nur CAN, als Feldbus aus der Automobiltechnik, diese Anforderung voll erfüllen. Mit einer Hammingdistanz von 6 auf dem Busprotokoll, ist eine zusätzliche Sicherung in höheren Protokollschichten nicht mehr notwendig.

8.1.2
Zulässige Umweltbedingungen

	AS-Interface	Interbus-Loop	CAN	LON	Beckhoff II/O	Profibus PA	Profibus DP	Profibus FMS	Interbus	ControlNet	Ethernet
Ex-Zulassung	○	○	○	◐	○	●	○	○	○	○	○
Schutzart	●	●	◐	◐	◐	●	◐	○	◐	◐	○
LWL-Anschluß	○	○	●	●	●	○	●	●	●	●	●

Besondere Umweltbedingungen bedeuten für den ein oder anderen Feldbus schnell das Aus im Wettstreit um den Einsatz in einer Applikation. Mit einer Ex-Zulassung kann nur der Profibus PA aufwarten, weil speziell in der Prozeßautomatisierung diese Anforderung vorliegt. Andere Feldbusse lassen sich in einer explosionsgefährdeten Umgebung nur mit besonderen Baumaßnahmen, wie mit Busklemmen in ex-geschützten Schaltschränken, einsetzen oder können nur bis an die Grenze der Ex-Zone genutzt werden. Auch die zur Klassifizierung von Umgebungsbedingungen, wie Hitze, Nässe, Staub usw., verwandte Schutzart IP, schließt einige Feldbusse schnell aus. Die für den direkten Anschluß von Sensoren und Aktoren vorgesehenen Feldbusse AS-Interface und Interbus Loop warten hier auch mit den entsprechend hohen Kennzahlen auf – wie natürlich auch Profibus PA, schon bedingt durch die Ex-Zulassung.

8.1.3
Installation und Montage

	AS-Interface	Interbus-Loop	CAN	LON	Beckhoff II/O	Profibus PA	Profibus DP	Profibus FMS	Interbus	ControlNet	Ethernet
Montage auf Hutschiene	●	●	◐	◐	●	◐	●	◐	●	◐	○
Stromversorgung der Endgeräte über Busleitung	●	●	◐	◐	○	●	○	○	○	○	○
Einfache Buskabelmontage	●	●	◐	◐	◐	◐	◐	◐	◐	○	○
Einfacher Endgeräteanschluß	●	●	◐	◐	◐	◐	◐	◐	◐	○	◐

Will man bei seiner Automatisierungskonzeption besonders die Gegebenheiten bei der Installation und Montage berücksichtigen, so fallen einem wiederum AS-Interface und Interbus Loop ins Auge. Allerdings wird hier nicht die Einschränkung deutlich, die aus der typischen Verwendung entsteht. Denn typischerweise ist der Sensor/Aktor-Bus als Ergänzung zu einem klassischen Feldbus zu sehen und durch das gemeinsame Auftreten der beiden, ist gerade bei der Verkabelung das schwächere System ausschlaggebend, bzw. erst in der Kombination wird der tatsächliche Aufwand deutlich.

8.1.4 Verteiltheit und Modularität

	AS-Interface	Interbus-Loop	CAN	LON	Beckhoff II/O	Profibus PA	Profibus DP	Profibus FMS	Interbus	ControlNet	Ethernet
Modulares Klemmensystem verfügbar	○	○	●	●	●	○	●	○	●	○	○
Übergänge zu anderen Bussystemen	◐	◐	◐	◐	○	◐	◐	○	◐	◐	●
Dezentrale Vorverarbeitung	○	○	●	●	●	○	●	○	●	○	○

Ausschlaggebend bei Neuplanungen wie auch der Umplanung bestehender Konzepte, ist sehr oft der Grad der Modularität und Verteiltheit, den die Feldbusse bieten. Aber auch die Möglichkeit, heterogene Systeme aufzubauen, die durch bestehende Konfigurationen oder besondere Anforderungen entstehen, sollte eine lösbare Aufgabe darstellen. So stellen die klassischen Feldbusse in der Regel nicht nur von Hause aus entsprechende Optionen zur Verfügung, auch Universalbusse gestatten eine Verbindung über Systemgrenzen hinweg.

Die dezentrale Vorverarbeitung ermöglicht die Dezentralisierung von autarken Funktionen und bietet damit eine wesentliche Voraussetzung für ganz modulare, dezentrale Lösungen. Bisher ist dieses Feature jedoch bei den Herstellern noch im Prototypenstadium.

8.1.5 Planung und Projektierung

	AS-Interface	Interbus-Loop	CAN	LON	Beckhoff II/O	Profibus PA	Profibus DP	Profibus FMS	Interbus	ControlNet	Ethernet
Projektierungssoftware verfügbar	●	●	●	●	●	●	●	●	●	●	◐
Nutzerorganisationen	●	●	●	●	○	●	●	●	●	●	○

Betrachtet man die Aspekte Planung und Projektierung wie auch die dazu verfügbaren Dienstleistungen und Hilfestellungen durch Nutzerorganisationen, so ergibt sich ein sehr homogenes Bild für die Feldbusse. Da sich Ethernet (noch) nicht bis in die Feldebene erstreckt, ist auch kaum mit entsprechenden Projektierungswerkzeugen zu rechnen. Aber für alle anderen stehen Programme zur Verfügung, die den Projekteur mehr oder weniger gut unterstützen. Genauso haben sich auch für alle, bis auf Lightbus II/O, Nutzerorganisationen gebildet, die für Mitglieder und Interessierte Hilfe anbieten sowie die Verbreitung der jeweiligen Systeme fördern.

8.1.6 Inbetriebnahme

	AS-Interface	Interbus-Loop	CAN	LON	Beckhoff II/O	Profibus PA	Profibus DP	Profibus FMS	Interbus	ControlNet	Ethernet
Systemübergreifende Parametrierung	◐	●	●	●	●	●	●	●	●	●	○
PC-Diagnosesoftware	◐	●	●	●	●	●	●	●	●	●	●

Auch bei den Punkten Parametrierung und Diagnose zeigt sich oberflächlich ein sehr homogenes Bild. Die Verfügbarkeit auch für eine systemübergreifende Parametrierung und für Diagnosesoftware unter einer komfortablen PC-Oberfläche ist in der Regel gesichert. Lediglich der AS-Interface muß hier komplett passen. Für die übrigen Systeme ist die Betrachtung je nach technischen und nicht-technischen Anforderungen, wie sie in den vorangegangenen Kapiteln angestellt worden ist, ausschlaggebend.

9 Ausblick

Die Diskussion der letzten Jahren erfolgte oft im Hinblick auf den Stand der Normung der verschiedenen Systeme, oder auf die Frage, welcher Feldbus in der folgenden Zeit dominieren wird. Mit Hilfe von austauschbaren Buskoppelmodulen oder gar dem Einsatz von Universalbussen, lassen sich innerhalb der Maschine oder Anlage die Feldbusse verwenden, die für den Anwendungsfall optimal ausgewählt worden sind. Nur im begründeten Ausnahmefall wird man den Feldbus einsetzen, den der Kunde vorschreibt, weil dies einen deutlichen Mehraufwand und erheblich höheren Zeitaufwand bei der Anwendungserstellung für das jeweilige Produkt bedeutet und eine Abweichung vom Standard bedingt.

Ob überhaupt ein Feldbus eingesetzt wird, ist kaum mehr eine Frage. Nur in gefährdeten Bereichen der chemischen Industrie, bei extremen Umgebungsbedingungen direkt am Prozeß oder in subtropischem Klima, können traditionelle Verkabelungsmethoden den Vorzug erhalten – allerdings zumeist nur dann, wenn zusätzliche Anforderungen, die nicht technischer Natur sind, auf die Entscheidung einwirken. Die Feldbusse sind prinzipiell auf einem solchen technischen Stand, daß sie auch bei diesen Anwendungen erfolgreich eingesetzt werden können.

Für die fernere Zukunft – wobei auch hier von einem Zeitraum von weniger als einem halben Jahrzehnt auszugehen ist – kann man mit marktreifen Entwicklungen rechnen, die auch für die technische Seite der Kommunikation im Feld kostengünstigere Produkte verwirklichen, die von dem Massenmarkt der Computerkommunikation kommen. Drängen heute schon Softwaretechnologien der PC-Technik in die Industrieumgebung und eine Unterscheidung zwischen Büro-PC, Industrie-PC und SPS läßt sich für den Laien kaum mehr machen, so wird auch die Internet-Technik ganz entscheidend in Maschinen, Anlagen und den Produktionsprozessen Einzug halten – alleine schon unter dem Aspekt der Telediagnose. Die steigende Dezentralisierung als Trend der Automatisierungstechnik, die ungebremste Miniaturisierung der Elektronik für diese dezentralen Automatisierungsgeräte und die Möglichkeiten der Vernetzung jedes Sensors oder Aktors über einheitliche Adressen mit der Technologie des Internets, dank dem rasanten Preisverfalls der Anschaltungschips, wird auch die Diskussionen um die technische Ausführung der Infrastruktur – also heute noch die Feldbusse – überflüssig machen. So können einerseits die intelligenten Endgeräte einen Großteil der Last vom Übertragungsmedium nehmen, indem sie Teilaufgaben, wie dezentrale Regelungen, direkt ausführen oder indem sie durch eine Kommunikation untereinander bislang zentral vermittelte Aufgaben selber übernehmen.

Andererseits sind die Leistungsreserven von Netzen, die auf Internet-Technologie basieren, so groß und die rein technisch zu erreichenden Preisvorteile durch spezialisierte Busse so gering, daß die durchgängige Vernetzung mit einer einzigen Technologie alle Vorteile in sich vereinen kann. Bei einer entsprechenden Projektierung sollte sogar Echtzeitfähigkeit erreichbar sein.

Hierzu gibt es selbstverständlich auch gegenteilige Einschätzungen, die aus den bisherigen Erfahrungen sprechen [21]. Und auch in fünf bis fünfzehn Jahren wird man noch feldbusbasierte Systeme Warten und Instandhalten. Aber ob dann noch neue Anlagen mit Feldbussen ausgestattet werden?

Glossar

Anschaltbaugruppe: Teilsystem einer Steuerung oder eines Industrie-PCs, um ein Bussystem anzukoppeln.

Anwendungsprozeß: Umfaßt alles, was mit der Ausführung einer Tätigkeit zusammenhängt. Mit diesem Begriff wird außer der realen Tätigkeit eines Kommunikationsteilnehmers (z. B. Steuern eines Motors) alles beschrieben, was dazu beiträgt, diese Tätigkeit ausführen zu können.

Antwortzeit: Zeitbedarf eines Zugriffsverfahrens für einen Feldbus. Den beiden verbreitetsten Verfahren, Token Passing und Master/Slave, gemeinsam ist die Berechenbarkeit einer maximalen Antwortzeit. Diese typische Anforderung in der Automatisierungstechnik ließe sich insbesondere bei CSMA/CD aufgrund der nicht vorhersehbaren Kollisionen nur auf statistischen Annahmen basierend erfüllen.

bidirektionale, unidirektionale Übertragung: Bei der Signalübertragung in beiden Richtungen (Bidirektional), kann ein Teilnehmer sowohl Sender als auch Empfänger sein. Bei einer unidirektionalen Verbindung ist diese Zuordnung festgelegt.

big endian-Kodierung: Bei Daten mit big endian-Kodierung befinden sich die signifikantesten Stellen an Speicherstellen mit niedrigeren Adressen. Bei einem sequentiellen Speicher bzw. einer seriellen Übertragung sind somit die höchstwertigen Stellen am Anfang angeordnet. Typische Vertreter dieser Kodierung sind Mikroprozessoren der Firma Motorola sowie moderne RISC-Architekturen.

bitparallel: Übertragung von Zeichen über mehrere Leitungen. Es werden mehrere Bits (z. B. ein Byte, also 8 Bits) parallel übertragen. Für die Übertragung wird pro Bit eine Leitung benötigt.

bitseriell: Verfahren zur Übertragung von Zeichen über eine Leitung. Die einzelnen Bits eines Zeichens werden nacheinander (seriell) über eine einzige Leitung übertragen.

Bit: Abkürzung für „Binary Digit", binäre Ziffer. Ein Bit kann den Wert 0 oder 1 haben. Ein *bit* ist die kleinste Einheit für Speicherung, Verarbeitung und Übertragung von Informationen. Hinweis: *bit* ist die Angabe einer Einheit, wie *m* für Meter. *Bit*, plural *Bits*, bezeichnet die binäre Ziffer.

Bitrate: Anzahl von Bits, die innerhalb einer Zeiteinheit übertragen werden. Einheit: bit/s.

Bus: Übertragungssystem, bei dem mehrere Teilnehmer auf gemeinsam genutzte Sammelleitungen zugreifen.

Baud (Bd): Maßeinheit für die Schrittgeschwindigkeit $1Baud = 1Symbol$ pro Sekunde. Existieren bei einer Übertragung nur 2 Symbole, bspw. 0 und 1, so entspricht $1Baud = 1bit/s$. Es können allerdings zur Datenübertragung auch mehr als 2 Symbole in verschiedenen Signalzuständen kodiert werden und damit in einem Schritt übertragen werden.

BCD: Binary Coded Decimal; binär kodierte Dezimalzahl. Ein Standard, um Dezimalzahlen möglichst einfach als Binärzahl einem halben Byte (Nibble) darzustellen.

Baumstruktur: Eine wichtige Weiterentwicklung der Busstruktur ist die Baumstruktur. Durch sie kann das Netz am besten an die räumlichen Gegebenheiten in einem Gebäude angepaßt werden (Analog zur Elektroinstallation).

Busstruktur: Hier findet ein linienförmiges Übertragungsmedium Verwendung, bei dem die Leitung nicht ringförmig geschlossen sein darf. Typischerweise werden die Teilnehmer durch eine kurze Stichleitung angekoppelt.

Grundsätzlich kann über den Bus jeder Teilnehmer mit jedem anderen kommunizieren. Hierbei sind die angeschlossenen Teilnehmer zunächst gleichberechtigt, so daß ein Zugriffsverfahren erforderlich ist (Token Bus, Master-Slave oder CSMA). Durch seine Flexibilität hat der Linienbus die größte Verbreitung unter den Netzwerkformen.

Code: Vereinbarte Zeichenzusammenstellung (Schlüssel) zur Darstellung von Informationen, z. B. Binärcode, Manchester-Code.

CRC (Cyclic Redundancy Check): Datensicherungsverfahren, wonach aus dem zu übertragenden Datenwort im Sender ein Prüfmuster errechnet wird, das mit zum Empfänger übertragen und mit dem hier nach derselben Vorschrift errechneten Prüfmuster verglichen wird. Bei Feldbussystemen mit einer Hammingdistanz von $HD = 4$ oder 6 häufig angewandtes Verfahren.

Client: Dienstanforderndes Gerät innerhalb des Client-Server-Systems. Mit Hilfe der Dienstanforderung kann der Client auf Objekte („Daten") des Servers zugreifen.
Der Dienst wird vom Server erbracht.

CSMA/CA: Carrier Sense Multiple Access with Collision Avoidance. Bei dem CSMA/CA-Verfahren wird das Problem der Kollisionen durch die Vergabe von Prioritäten gelöst, Kollisionen werden hierbei vermieden (avoided).

CSMA/CD: Carrier Sense Multiple Access with Collision Detection. Mit dem Erkennen der Kollision ziehen alle Teilnehmer ihre Daten zurück. Nach einer Zufallszeit versuchen die Teilnehmer, erneut zu senden.

CSMA/CR: Carrier Sense Multiple Access with Collision Resolve. Das

CSMA/CR-Verfahren ermöglicht den Zugriff auf das Übertragungsmedium, sobald dieses frei ist. Kollisionen werden hierbei durch eine zerstörungsfreie Arbitration aufgelöst (resolved). Dieses Verfahren wird z. B. beim CAN-Bus eingesetzt. Es ermöglicht theoretisch eine 100-prozentige Busauslastung.

Dienst: (engl. *Service*) Auf ein Objekt gerichtete Operation (Lesen, Schreiben).

Ethernet: Eine Spezifikation für ein lokales Netzwerk (LAN), die in den 70er Jahren zusammen von den Firmen Xerox, Intel und DEC entwickelt wurde. Der IEEE 802.3-Standard wird üblicherweise als Ethernet bezeichnet. Während Anfangs als Topologie die Busstruktur mittels Koaxialkabel und als Übertragungsrate 10 Mbit/s festgelegt war, sind inzwischen z. B. auch Sternstrukturen mit Twisted Pair-Kabeln und Übertragungsraten von 100 Mbit/s und 1 Gbit/s möglich. Das Buszugriffsverfahren erfolgt mittels CSMA/CD.

Echtzeitfähigkeit: Bedeutet für ein System, daß die auftretenden Verzögerungszeiten für die Kommunikation, den Prozeß nicht negativ beeinflussen bzw. stören dürfen.

Feldbus: System zur seriellen Informationsübertragung zwischen Geräten der Automatisierungstechnik im prozeßnahen Feldbereich.

FDDI: Fiber Distributed Data Interface; Glasfaser Hochgeschwindigkeitsnetzwerk. Als Übertragungsmedium wird eine ringförmige Doppelleitung, in der Regel auf Glasfaserbasis verwendet, Kupferleitungen sind aber auch möglich (was durch die Bezeichnung *CDDI* unterschieden werden kann). FDDI ist für Übertragungsgeschwindigkeiten bis 100 Mbit/s sowie für Entfernungen bis 100 km normiert (ANSI X3T9.5) und wird als Backbone-Netzwerk eingesetzt.

FMS: Fieldbus Message Specification. PROFIBUS-Anwenderschnittstelle (Schicht 7).

Gateway: Gerät zur Verbindung zweier Netze, die unterschiedliche Protokolle verwenden. Die notwendige Übersetzung wird für bis zu allen sieben Schichten des ISO/OSI-7-Schichtenmodells durchgeführt.

Hammingdistanz (HD): Maß für die Übertragungssicherheit von Digitalsignalen. Die *HD* gibt an, in wie vielen Stellen sich zwei Bitmuster unterscheiden (z. B. das gesendete und das empfangene Datentelegramm). $HD = 2$ bedeutet, daß eine Bitverfälschung erkannt wird, aber zwei Verfälschungen nicht mehr (Paritätsprüfung); bei $HD = 4$ werden also drei Bitverfälschungen noch erkannt (z. B. mit CRC möglich).

HMI: Human-Machine-Interface. Auch MMI (Mensch-Maschine-Interface). Die Schnittstelle zwischen dem Bediener und der Anlage.

Interface (Schnittstelle): Verbindungsstelle zwischen zwei oder mehreren Geräten, die zur Übertragung von Daten, Adressen und Steuersignalen dient. Es sollte die Anforderungen zum funktionellen, elektrischen und konstruktiven Anschluß der Komponenten eines Systems sicherstellen (Codierung, Pegel, Stecker)

Interoperabilität: Zusammenwirken von Busteilnehmern, da sie einer bestimmten Norm bzw. einem Standard genügen, aber von verschiedenen Herstellern stammen.

ISO/OSI-Referenzmodell: Open System Interconnection; offene Kommunikation. Das OSI-Modell ist ein Referenzmodell für Netzwerke, das von der ISO (International Standardization Organisation) entwickelt wurde. Es betrachtet die Kommunikation losgelöst von jeder speziellen Implementierung. Die komplexen Funktionen einer Kommunikation werden hierbei in sieben Schichten unterteilt. Jede Schicht stellt der darüberliegenden Schicht spezifische Dienste zur Verfügung. Der Zugang zu den Diensten einer Schicht erfolgt über Dienstzugangspunkte (SAP; Service Access Point). Das Ziel des ISO-Referenzmodells ist es, durch Definition der einzelnen Schichten eine offene Kommunikation zwischen beliebigen Teilnehmern verschiedener Hersteller zu ermöglichen. Die sieben Schichten sind:

7 Anwendung
6 Präsentation
5 Sitzung
4 Transport
3 Netzwerk
2 Sicherung
1 Bitübertragung

Kommunikation: Verbindung zwischen zwei oder mehreren Teilnehmern eines Systems zwecks Informationsaustausch. Hier: industrielle Kommunikation.

Konformität: Übereinstimmung des Verhaltens eines Busteilnehmers mit den Bedingungen eines Standards.

LAN: Local Area Network. Lokales Netzwerk zum Austausch von Daten innerhalb eines räumlich begrenzten Bereichs (z. B. Bürogebäude, Firmengelände).

Linienstruktur: siehe Busstruktur.

little endian-Kodierung: Bei little endian Kodierung die am meisten signifikanten Daten an den höchsten Speicherstellen bzw. am Ende einer seriellen Übertragung angeordnet. Little endian kommt z. B. bei Intel-Prozessoren und bei vielen Netzwerkübertragungen zum Einsatz.

LWL: Lichtwellenleiter; bestehen aus Glasfasern oder Kunststoff und ermöglichen extrem hohe Übertragungsraten. Sie sind unempfindlich gegen elektromagnetische Störungen und Potentialdifferenzen zwischen den Teilnehmern.

Manchester-Code: Im Unterschied zur normalen Darstellung binärer Informationen als Spannungspegel, werden bei Anwendung der Manchester-Codierung Spannungswechsel verwandt. Dadurch entsteht eine Gleichstromfreiheit der Signale und damit die Möglichkeit, gleichzeitig Gleichstrom als Hilfsenergie zu übertragen. Des weiteren lassen sich die Signalzustände auch ohne externen Takt erkennen, da sich der Empfänger selbständig mit dem Sender synchronisieren kann. Nachteilig stellt sich allerdings die doppelte benötigte Bandbreite dar.

Master-Slave-Verfahren: Zentrales Buszugriffsverfahren, bei dem ein zentraler Teilnehmer (Master) die unterlagerten Teilnehmer abfragt und ihnen so die Übertragung von Informationen über den gemeinsamen Bus ermöglicht.

Ein zentrales Buszugriffsverfahren ist einfacher (preisgünstiger) als ein dezentrales Buszugriffsverfahren, da nur der Master die Intelligenz zur Buszugriffsverwaltung besitzen muß. Bei Ausfall des zentralen Masters ist das Kommunikationssystem jedoch nicht mehr betriebsbereit.

Multiplex: Übertragung mehrerer Nachrichten auf einer physikalischen Übertragungsstrecke. Die Informationen der einzelnen Sender werden in kleine Einheiten geteilt und nacheinander als kontinuierlicher Datenstrom auf die Übertragungsstrecke geschickt. Jeder Sender erhält somit eine kleine Sendezeit auf dem Übertragungskanal. Im Empfängersystem wird zur Informationsrückgewinnung die Gesamtnachricht in einzelne Stücke aufgeteilt und den entsprechenden Empfängern zugeteilt (Demultiplex).

Netzwerk: Leitungssystem zur Übertragung von Daten.

off-line/on-line: Off-line bedeutet, daß eine Komponente keine direkte Verbindung zu einer (zentralen) Funktionseinheit besitzt, so daß einzugebende Daten zwischengespeichert und erst später in diese Einheit übertragen werden. Gegenstück: on-line mit direkter Übertragung.

Objekt: Abstrakter Datenblock zur Kommunikation. Jedes Objekt ist mit Attributen versehen. Die Attribute legen die möglichen Operationen sowie Zustände mit Regeln für die Zustandsübergänge fest.

OSI-Referenzmodell: siehe ISO-OSI-Referenzmodell.

Paritätsprüfung: Einfaches Verfahren zur Erkennung von Übertragungsfehlern, wobei für eine Gruppe von Bits (z. B. ein Telegramm) die Anzahl der „Einsen" durch das zusätzliche Paritätsbit auf eine gerade (bzw. ungerade) Anzahl eingestellt wird (Hammingdistanz $HD = 2$.

Profil: Ein Profil eines Kommunikationssystems stellt eine für spezielle Anwendungsbereiche zugeschnittene Auswahl von Funktionen und Leistungsmerkmalen aus einer Gesamtspezifikation dar.

Polling: Unter Polling versteht man die zyklische Abfrage einzelner Komponenten durch eine zentrale Komponente. von Polling sprich man z. B. beim Master/Slave-Verfahren, bei dem ein zentraler Master die einzelnen Slaves nacheinander abfragt.

Protokoll: Beschreibt die Einzelheiten des Informationsaustauschs, z. B. das Zusammenfassen von Daten zu Datenpaketen auf den einzelnen Ebenen des ISO-Referenz-Modells. Damit zwei Teilnehmer miteinander kommunizieren können, müssen in allen Schichten des ISO-Referenzmodells die gleichen Protokolle realisiert sein.

Reaktionszeit: Zeit zwischen dem Entstehen eines Signals an einer Quelle (z. B. Sensor) bis zum Erkennen dieses Signals an einer Senke (z. B. SPS).

Redundanz: Vorhandensein einer größeren Anzahl von Mitteln, als für die Erfüllung der Grundfunktion unmittelbar erforderlich sind (Reserveeinheiten).

Restfehlerwahrscheinlichkeit: Wahrscheinlichkeit für das Auftreten unerkannter fehlerhafter Telegramme bei der Informationsübertragung.

Repeater: Busverstärker. Ein Repeater ist eine Einrichtung zum Verstärken und Regenerieren von Signalen in einem Netzwerk. Der Repeater wird zum Erweitern eines vorhandenen Netzwerkes über vorgegebene Grenzen (z. B. Entfernung oder Anzahl der Teilnehmer) eingesetzt.

RS 485: Die RS 485-Schnittstelle ist eine genormte serielle, bidirektionale, asynchron arbeitende elektrische Schnittstelle, die Leitungslängen bis zu 1,2 km zuläßt. Die RS 485-Schnittstelle arbeitet mit Spannungsdifferenzen und ist daher gegenüber elektromagnetischen Störungen recht robust. Die RS 485 ist busfähig; an ein Bussegment können bis zu 32 Teilnehmer angeschlossen werden.

Ringstruktur: Dieses System verbindet alle Stationen durch ein Übertragungsmedium, das zu einem Ring zusammengeschlossen ist. Beim aktiv gekoppelten Ring durchläuft das Telegramm jeden Teilnehmer über jeweils einen Empfänger und Sender. Jeder Teilnehmer ist also integraler Bestandteil des Übertragungsweges. Die Daten umkreisen den Ring genau einmal und werden dabei von Teilnehmer zu Teilnehmer weitergereicht. Jeder Teilnehmer prüft, ob die Daten an ihm gerichtet sind. Ist dies der Fall, übernimmt er die Daten in den eigenen Speicher. Typisches Zugriffsverfahren ist der im Jahr 1988 eingeführte Token-Ring der Firma IBM.

Der passiv gekoppelte Ring entspricht einer Busstruktur, bei der jedoch beide Leitungsenden verbunden sind.

Spezifikation: Verbindliche Vorschrift für alle funktionswichtigen Eigenschaften der Komponenten eines Kommunikations-Systems (Grundlage für deren Zertifizierung).

Sensor-/Aktorbus: Feldbus im Sensor-/Aktorbereich, durch schnelle Übertragung von kurzen Informationen gekennzeichnet.

Server: Diensterbringendes Gerät innerhalb eines Client-Server-Systems. Der zu erbringende Dienst wird vom Client gefordert.

Sternstruktur: Das Prinzip der Sternstruktur besteht aus einem Zentralrechner als Sternmittelpunkt, an den alle Teilnehmer strahlenförmig angeschlossen sind. Jeder Teilnehmer ist also über eine eigenen Übertragungsleitung angekoppelt. Die gesamte Kommunikation wird vom Zentralrechner gesteuert und ist daher einfach strukturiert, aber relativ aufwendig in der Verkabelung.

Token passing: Zugriffsverfahren nach IEEE 802.4 Token Bus; bei diesem Verfahren wird der Token (Berechtigungsmarke) von einem Teilnehmer zum nächsten weitergegeben. Der Teilnehmer, der den Token besitzt, hat das Senderecht und darf auf das gemeinsame Übertragungsmedium zugreifen.

Topologie: Struktur eines Kommunikationssystems, z. B. Stern, Linie, Ring oder Baum.

Twisted Pair: verdrillte Zweidrahtleitung.

Telegramm: Datenblock, der auf dem Netzwerk übertragen wird. Besteht meist aus Adresse, Nutz-Daten und Prüfzeichen.

Zugriffsverfahren: Regel für die Entscheidung, wer zu welchem Zeitpunkt auf das Medium (Bus) zugreifen darf. Übliche Zugriffsverfahren sind: CSMA, Token, Master/Slave.

Zykluszeit: Zeiteinheit, um sämtliche Ein- und Ausgänge der Busteilnehmer einmal zu lesen und einmal zu schreiben.

Index

Literatur

[1] ALLEN-BRADLEY: *ControlNet Cable System – Planning and Installation Manual.* Allen-Bradley, Milwaukee, 1995.

[2] ALLEN-BRADLEY: *ControlNet Network – System Overview Release 1.5.* Allen-Bradley, Milwaukee, 1997.

[3] AT: *Themenheft: Sicherheitsgerichtete Automatisierungstechnik.* at – Automatisierungstechnik, 2(1998), Oldenbourg Verlag, München, 1998.

[4] BAUMANN, H. G.: *Systematisches Projektieren und Konstruieren.* Sproger Verlag, Berlin, 1982.

[5] BECKHOFF INDUSTRIE ELEKTRONIK: *Dokumentation zum Beckhoff II/O Lightbus.* Beckhoff Industrie Elektronik, Verl, 1996.

[6] BENDER, K. (HRSG.): *Profibus.* Carl Hanser Verlag, München, Wien, 1993.

[7] BLACK, U.: *TCP IP and related protocols.* McGraw-Hill, New York, 1995.

[8] BUSSE, R.: *Feldbussysteme im Vergleich.* Pflaum Verlag, München, 1996.

[9] DEUTSCHES INSTITUT FÜR NORMUNG: *DIN 44300 Teil 9: Informationsverarbeitung; Begriffe, Verarbeitungsabläufe.* Beuth Verlag, Berlin, 1988.

[10] DEUTSCHES INSTITUT FÜR NORMUNG: *DIN EN ISO-IEC 7498-1: Kommunikation offener Systeme.* Beuth Verlag, Berlin, 1995.

[11] DICKSON, G. und A. LLOYD: *Open Systems Interconnection.* Prentice Hall, New York, 1992.

[12] ECHELON: *LonTalk Protocol.* LonWorks Engineering Bulletin, Palo Alto, 1993.

[13] EPPLE, U.: *Das Prozeßleitsystem von Siemens.* atp – Automatisierungstechnische Praxis, 10(1998), Oldenbourg Verlag, München, 1998.

[14] ERMEL, G. ET AL. (LTG.): *Feldbustechnik im Kraftwerk.* Vorträge der ETG-VGB-Fachtagung am 28. und 29. Oktober in Magdeburg, VDE-Verlag, Berlin, 1997.

[15] ETSCHBERGER, K. (HRSG.): *CAN Controller-Area-Network.* Carl Hanser Verlag, München, 1994.

[16] EULER, H.: *Busleitungen als Grundlage sicherer Industrie-Kommunikation.* Elektro Automation, 10(1998), Konradin Verlag, Leinfelden-Echterdingen, 1998.

[17] GOLLASCH, O.: *Dezentrale Automation – ein Buch mit sieben Siegeln?* Weidmüller GmbH & Co., Paderborn, 1998.

[18] GOLLASCH, O.: *Dokumentation zu WINbloc.* Weidmüller GmbH & Co., Paderborn, 1998.

[19] GRAUPNER, W. und S. ROLLE: *Dem Ermessen ein Ende gesetzt. Klare EMV-Anforderungen müssen jetzt umgesetzt werden.* Elektronik Plus, Automatisierungspraxis Antreiben & Steuern, Trends, Anwendungen, Produkte, Siemens AG, München, 1994.

[20] HAPPACHER, M.: *Auf halber Strecke – die Umsetzung des dezentralen Gedankens in der Automation.* Elektronik, 13(1998), Franzis-Verlag, München, 1998.

[21] HAPPACHER, M.: *Ethernet in der Automation.* Elektronik, 13(1998), Franzis-Verlag, München, 1998.

[22] HEBRAWI, B.: *OSI Upper Layers Standards and Practices.* McGraw-Hill, New York, 1993.

[23] HELLWIG, H.-E. und D. BEHNKE: *Neue IT-Technologien im Anlagenbau.* 3R international, (36)1997, 4/5 1997.

[24] HORNUNG, V. und S. MÖBIUS: *Batch-Automatisierung in der Verfahrenstechnik.* In: *A&D Kompendium 1999.* KM Verlagsgesellschaft, München, 1998.

[25] JAIN, B. und A. AGRAWALA: *Open Systems Interconnection: Its Architecture and Protocols.* Elsevier Science Publishers, Amsterdam, 1990.

[26] KRIESEL, W. (HRSG.) und K. BENDER: *Das Aktuator-Sensor-Interface für die Automation.* Carl Hanser Verlag, München, 1994.

[27] KRIESEL, W., T. HEIMBOLD, und D. TELSCHOW: *Bustechnologien für die Automation.* Hüthig Verlag, Heidelberg, 1998.

[28] LAWRENZ, W.: *CAN System Engineering.* Springer-Verlag, New York, 1997.

[29] LAWRENZ, W. (HRSG.): *CAN Controller Area Network – Grundlagen und Praxis.* Hüthig Verlag, Heidelberg, 1998.

[30] LITZ, L., CH. SUHM und R. SCHUMAN: *CAE in der Automatisierungstechnik.* atp – Automatisierungstechnische Praxis, 6(1998), Oldenbourg Verlag, München, 1998.

[31] MARSCHALL, G. und M. JOTTER: *Modellierung und Simulation von Feldbusanwendungen mit Hilfe von Petri-Netzen am Beispiel des Profibus.* at – Automatisierungstechnik, 12(1998), Oldenbourg Verlag, München, 1998.

[32] MOTOROLA (HRSG.): *LONWORKS Technology Device Data.* Motorola, Denver, 1997.

[33] PFLEGER, J.: *Verteilung der Automatisierungsaufgaben bei Feldbuseinsatz.* Brockhaus Naturwissenschaft und Technik, 1998.

[34] PHOENIX CONTACT: *Interbus Anwenderhandbuch. Projektierung der Modulfamilie Inline. IB IL SYS UM.* Phoenix Contact, Blomberg, 1998.

[35] PHOENIX CONTACT (HRSG.): *Grundkurs Sensor/Aktor-Feldbustechnik.* Vogel Verlag, Würzburg, 1997.

[36] PINKOWSKI, G.: *Die Planung von PROFIBUS-PA-Netzen.* atp – Automatisierungstechnische Praxis, 10(1998), Oldenbourg Verlag, München, 1998.

[37] REISSSENWEBER, B.: *Feldbussysteme.* Oldenbourg Verlag, 1998.

[38] SCHILDT, G.-H. und W. KASTNER: *Prozeßautomatisierung.* Springer Verlag, Wien, 1998.

[39] SCHNELL, G. (HRSG.): *Bussysteme in der Automatisierungstechnik.* Vieweg Verlag, Braunschweig, 2. Auflage, 1996.

[40] SEIFERT, B.: *Fehlertoleranter Interbus mit doppeltem Fernbus.* etz, 1-2(1996), VDE Verlag, Wuppertal, 1996.

[41] SIEMENS: *SIMATIC ET 200S: Das innovative Peripheriesystem*, Siemens AG, München, 1998.

[42] SOETJIPTO, H., W. A. KARAMOY und M. S. WURYANI ET AL.: *INDONESIA 1995 : AN OFFICIAL HANDBOOK.* Department of Information, Directorate of Foreign Information Services, Perum Percetakan Negara RI, 1994.

[43] SUPPAN-BOROWKA, J. und T. SIMON: *MAP – Datenkommunikation in der automatisierten Fertigung.* DATACOM Buchverlag, Pulheim, 2. Auflage, 1986.

[44] TANENBAUM, A.: *Computer-Netzwerke.* Wolfram's Fachverlag, Attenkirchen, 1990.

[45] VDI: *VDI/VDE 3687 (Entwurf): Auswahl von Feldbussystemen durch Bewertung ihrer Leistungseigenschaften für verschiedene Anwendungsbereiche.* Beuth Verlag, Berlin, 1997.

[46] WEBER, R.: *Novell NetWare 4.1.* Sybex, Düsseldorf, 1996.

[47] ZWANZIGER, P.: *Was bringen die EG-Richtlinien? Das EMV-Gesetz in Deutschland.* Elektronik Plus, Automatisierungspraxis Antreiben & Steuern, Trends, Anwendungen, Produkte, Siemens AG, München, 1994.